装备科技译著出版基金

机器人机构的奇异点
——数值计算与规避

Singularities of Robot Mechanisms
Numerical Computation and Avoidance Path Planning

[西] Oriol Bohigas
Montserrat Manubens
Lluís Ros 著

宋得宁 李敬花 马建伟 译

国防工业出版社
·北京·

著作权合同登记　图字:01-2022-4095号

图书在版编目(CIP)数据

机器人机构的奇异点:数值计算与规避/(西)奥里奥尔·博伊加斯,(西)蒙特塞拉特·曼努本斯,(西)路易斯·罗斯著;宋得宁,李敬花,马建伟译.—北京:国防工业出版社,2023.5

书名原文:Singularities of Robot Mechanisms: Numerical Computation and Avoidance Path Planning

ISBN 978-7-118-12916-8

Ⅰ.①机…　Ⅱ.①奥…　②蒙…　③路…　④宋…　⑤李…　⑥马…　Ⅲ.①机器人-运动控制　Ⅳ.①TP242

中国国家版本馆CIP数据核字(2023)第076468号

※

国防工业出版社出版发行
(北京市海淀区紫竹院南路23号　邮政编码100048)
北京龙世杰印刷有限公司印刷
新华书店经售
*
开本710×1000　1/16　印张10½　字数180千字
2023年5月第1版第1次印刷　印数1—1500册　定价79.00元

(本书如有印装错误,我社负责调换)

国防书店:(010)88540777　　书店传真:(010)88540776
发行业务:(010)88540717　　发行传真:(010)88540762

前言

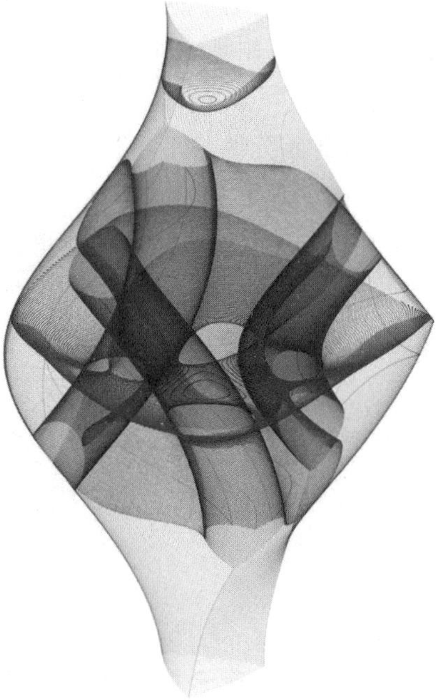

撰写背景与意义

当前,“机器人”正大行其道。创新的机器人机构不断涌现,其应用与日俱增。从地表到太空,从实验室研究到医疗及工业应用,经常出现并联机器人、行走机器人、力反馈装置、飞行器、机械手臂、类人机器人以及其他更加复杂机构的身影。对这些机构而言,精确、可靠地执行复杂运动的能力至关重要,但对这类运动的分析和规划绝非易事。为实现这一目的,必须深入理解并处理好所谓的“奇异”位形——一种机构的运动与动力学行为显著退化的特殊姿态。

本书旨在为机器人机构中可能遇到的所有奇异点类型提供一致性的表达方法,并给出对这些奇异位形的稳健求解计算及其规避路径规划策略。获得这些方法的重要性在于,由于机器人运动过程中,若经过奇异点,则会导致其运动能力退化,因此在机器人构型设计前,需充分考虑这些问题。本书还提出了通过计算与处理奇异点集的方式,为机构的局部与全局运动能力提供详尽信息的方法:奇异点集在任务空间与关节空间的投影决定着机构在相应空间的工作区间,可据此判断不同装配构型的存在性,同时也可以明确可控性与灵活性退化显著的区域。这些投影虽然提供了机构的可行运动位置的集合,但并未揭示所有可行的无奇异点运动路径。为进一步解决这一问题,本书提出了规避奇异点路径规划的一般方法,并将这些方法拓展到刚性或柔性绳驱并联机构中具有力旋量约束的情况。

奇异构型在机构设计中起到的关键作用在很早以前就已受到关注,但迄今为止,仅存在少量专门针对特殊机构的奇异点集计算及规避方法。本书的显著特点在于,首次提出了对所有非冗余机构具有普遍适用性的一般方法,从而有助于促进新型或更加复杂机器人机构的设计。为了以简洁、优美的形式表达公式及结论,本书主要针对非冗余机构开展研究,即便如此,提出的方法和技术可经适当延伸,应用于冗余机器人。总之,本书旨在消除设计创新中存在的障碍,且有助于读者理解如何以一种有效、可靠的方式对复杂多体系统的运动进行预测、规划与控制。

本书亮点

(1) 为解决奇异点类型描述给人带来的困惑,且常常分散于不同出版物的问题,本书对所有奇异点类型提供了清晰的定义与详细的阐释。

(2) 为一般结构非冗余机构的奇异点集穷举计算以及避奇异路径规划这两个机器人运动学的开放性问题提供了解决方案。

(3) 阐明了如何通过奇异点集的计算得到确定工作空间的一般方法。

(4) 在机器人与机构学领域中发展了分支修剪法和高维延拓法的应用。

(5) 提出了一种新颖的力旋量约束下六足并联机构路径规划方法。

(6) 展示了提出的方法在具有实际意义机器人(包括平面、球面、具有封闭运动链的空间操作臂,以及极具挑战性的绳驱机器人)中的应用效果。

本书算法封装在 CUIK 组件(由巴塞罗那 IRI 运动学与机器人设计集团提供的开源软件包)[1] 中,读者可通过下面链接自行下载:http://www.

iri. upc. edu/cuik,可用于复现书中分析的测试案例。运行这些测试案例所需的公式文件可由本书配套网站下载:http://www. iri. upc. edu/srm,该网站还提供了其他补充材料,包括视频、图片的动画版以及介绍教程。

本书内容已由第一作者在2014年9月22日至26日在意大利[2]乌迪内国际机械科学中心举办的“机构与操作臂的奇异构型”高级进修班上进行了展示,其中包括学员可自行尝试将书中算法应用于简单且有说明性的机构中的实践操作课程。本书配套课程资源可通过下述链接下载:http://www. iri. upc. edu/srm。

目标受众

本书凝聚了所有作者数年的合作研究成果,主要内容是在第二和第三作者的指导下,由第一作者在读博期间完成的工作。虽然本书的风格类似于一本研究专著,但它的读者群非常广泛,包括从研究生到专业工程师、数学家,再到机器人、机械设计或相关领域的研究人员。本书还可作为研究生阶段机器人课程,特别是专门研究机器人运动学课程的补充教材。总之,本书研究结果可能在新型并联机器人、触觉设备、3D打印、机械电子假肢或仿生机器人的设计等多个领域产生影响。书中方法还可能在如可编程超表面等地球与太空应用的新兴领域中得到施展和发挥。

致谢

本书的成功出版源于很多人的贡献。首先,诚挚感谢 Josep M. Porta 多年来在 CUIK 组件上认真严谨的工作,其中的算法为本书工作奠定了坚实的基础,没有它们就不会有本书提出的各类方法。另外,感谢热那亚大学的 Dimiter Zlatanov 博士在第2、3章中有关机构奇异点分析中提供的宝贵帮助,感谢来自 IBM T. J. Watson 研究中心的 Michael E. Henderson 博士向作者介绍了第5、6章中提到的延拓法。来自蒙特利尔的 Illian Bonev 教授同样为本书做了大量工作,感谢他对本书早期版本手稿提供的有益反馈。在硬件方面,Alejandro Rajoy 和 Patrick Grosch 出色地设计并搭建了书中展示的原型平台,他们为第5章中的3-RRR并联机器人搭建做出了贡献,另外,Patrick 搭建了第6章中的绳驱机器人。此外,Alex 为本书制作了精美的插图,包括前言中这幅。

衷心感谢 Federico Thomas 教授一直以来提供的灵感、支持与指导，感谢 Jorge Angles 教授与 Thomas 教授鼓励作者将本书工作出版。感谢 Marco Ceccarelli 教授热情推荐本书到 Springer 的机构与机器科学系列，感谢 Springer 的 Anneke Pot 女士在本书编辑过程中提供的宝贵帮助。感谢 Helen Jones 对本书最初手稿的校对工作。

最后，由衷地感谢 Gemma、Javier、Núria 和我们的其他家人们，感谢你们的爱和诚挚的帮助以及无时无刻的鼓励。谨以此书献给你们。

本书的部分工作获得了西班牙经济部项目 DPI2010 - 18449、DPI2014 - 57220 - C2 - 2 - P，CSIC 项目 201250E026，以及第二作者 Juan de la Cierva 奖学金的资助。

加泰罗尼亚，巴塞罗那

Oriol Bohigas

Montserrat Manubens

Lluís Ros

2015 年 12 月

参考文献

1. Porta, J., Ros, L., Bohigas, O., Manubens, M., Rosales, C., & Jaillet, L. (2014) The CUIK suite: Motion analysis of closed-chain multibody systems. *IEEE Robotics and Automation Magazine*, 21(3), 105–114.
2. "Advanced School on Singular Configurations of Mechanisms and Manipulators." http://www.cism.it/courses/C1413/. Accessed 26 Dec 2015.

目 录

第1章 引言

奇异性分析是机器人运动学的核心问题,其目标是研究被称为奇异或临界的特殊构型,在这些构型中,机构的动力学性能会发生显著变化,如刚度或灵活度丧失、末端执行力无解或不可控等(图1.1和图1.2)。因此,奇异性分析的相

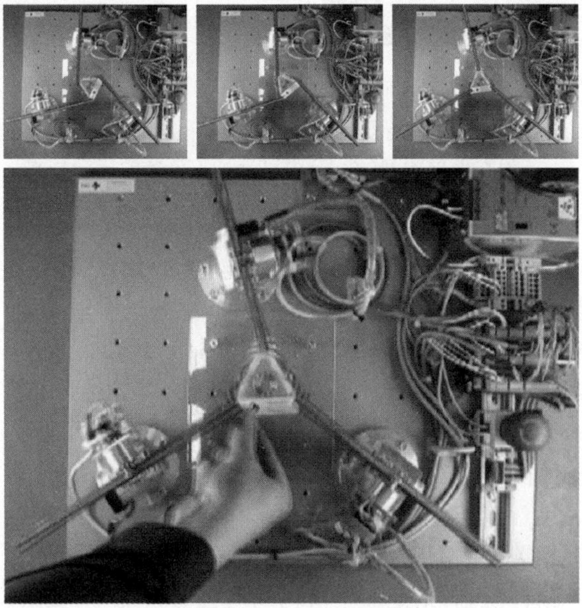

图1.1 在奇异构型下的刚度损失(照片拍摄于沃拉尔伯格应用科学大学里开展的一项实验,实验中将3－RPR机构移动到一个奇异位形(上部3张图片),进而操作者能够感受到该位置处机构的振动(下部图片)。当机构处于该位置时,执行器的速度并不能决定平台的速度,同时机构承受外力的能力也会极大损失。该情况下,机构被锁死,必须通过调整机构,使其偏离奇异位形才能恢复正常的运动状态。完整的试验视频详见链接[1])

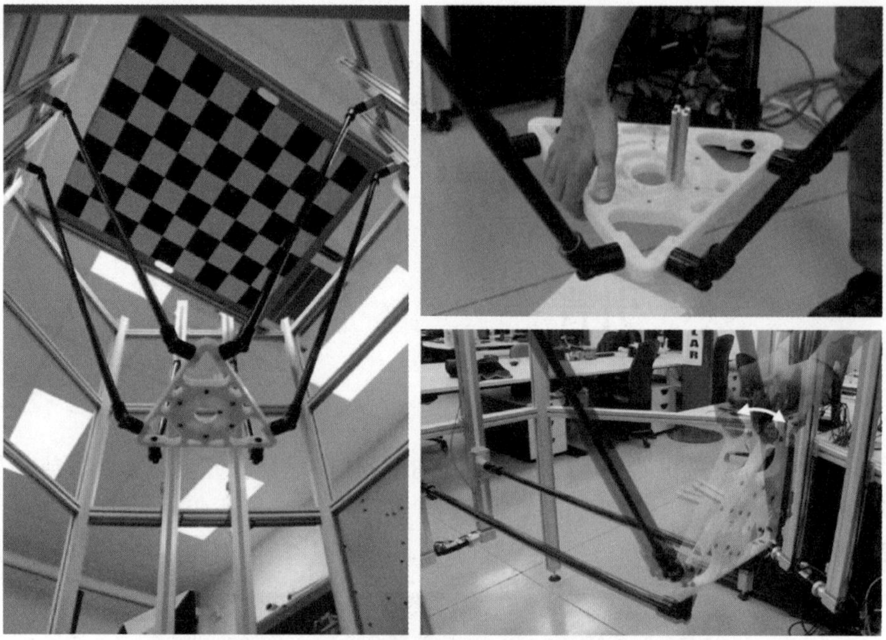

图 1.2　在工业机器人研究所搭建的六足机器人[2]（这种机构常用于高速 CNC 铣削加工[3]。当锁定执行器后，平台在非奇异构型（右上）中是刚性的，但在奇异构型（右下）中显示了不可控的运动）

关研究正是出于避免这些奇异构型的目的而展开的。尽管如此，在某些情况下，接近奇异点附近的操作可能是有利的，如操作重物、钻孔、精准定位以及要求极限输出力或运动转换率的情况。

尽管很多商用机构设计的构型空间中不包括奇异点，但这并不总是可能的。随着运动越来越复杂的机构出现，越发需要通用的奇异性分析工具来辅助机器人设计者。本书针对一般非冗余低副机构在奇异性方面的两个重要问题，分别提供以下通用的解决方法。

（1）奇异点集计算：对于具有指定输入和输出坐标的给定机构，计算整体奇异点集及其任意相关子集。

（2）避奇异路径规划：给定一个机构的两种可行构型，找出该机构从一种构型到另一种构型的运动，使其避免穿过奇异点集。

上述两类问题各自特点具有不同的挑战，因此对两类解决方法具有不同要求。由于奇异点集通常具有一般代数簇的结构，所以计算所有奇异点的集合需要一种能够获取多项式方程组所有实数解的算法，甚至当这些实数解具有多个连通集分量、正维子集或非正则点时也应如此。相比之下，避奇异路径规划则要求我们探寻如何从一个给定构型经过非线性变换移动到另一个构型，且该过程通常不允许全局参数化。对于第(1)类问题[4-6]而言，分支修剪(branch - and - prune)法是解决它的思想基础；而对于第(2)类问题而言，可以采用最近发展起来的高维延拓(higher - dimensional continuation)[7-9]法解决。此外，还将看到获得优良的求解公式与选择适当的数值求解方法同样重要。因此，本书另一个重要部分也将致力于推导出这两类问题合适的方程组。接下来，回顾这两类问题产生的历史背景(1.1 节)，建立本书所提出方法的前提假设和适用范围(1.2 节)，最后给出本书的整体结构(1.3 节)。

1.1 历史背景

McCarthy[10]在最近的一篇社论中指出，分析和设计日益复杂的机构和机器人系统的能力，在很大程度上依赖于求解相关多项式方程组的能力。他还表示，可以预期，计算机代数和数值延拓方法目前的进展将在未来几年推动机构和机器人的研究。奇异点集计算和避奇异路径规划问题就是这种情况的典型例子。虽然奇异点的定义已经存在很长时间，但直到目前发展出一些关于多项式方程组求解的最新结果后，这类问题才变得容易处理。

关于奇异点分析的研究早在 20 世纪 80 年代便开始快速发展起来。该领域早期研究主要在串联机械臂方面成果颇丰，但不久人们便清楚地认识到，为了方便更加复杂机器人的设计，必须对奇异点给出一个通用的定义。尤其是随着并联机器人的出现，它们的闭式运动链引入了难以用现有知识预测或理解的现象。

最早尝试对一般机构的所有奇异构型进行分类的是 Gosselin 和 Angeles[11]，他们使用输入输出速度方程定义了著名的第Ⅰ类和第Ⅱ类奇异点。根据这一定义确定的奇异位形本质上是根据末端执行器的速度不能决定执行器速度的构型；反之亦然。虽然这一定义是合理的，但它忽略了被动关节速度的影响，因而后来人们发现存在这一定义无法囊括的奇异点类型[12-16]。对此，Zlatanov 用更加通用的方式定义了奇异构型，即在某些输入或输出速度作用下，正/逆瞬时运动学问题不可解或不确定的构型[17]。从表面上看，这一定义与 Gosselin 和 Angeles 的定义类似，但实际上是有本质提升的，即将上述两类问题更一般地理解为计算整体构型的速度，而非仅仅是末端执行器或驱动关节的速度。也就是说，新的定义在分析过程中将整体构型空间视为分析对象。

Zlatanov 对奇异点的描述或许是迄今为止的文献中最为系统、通用的定义，且该定义能够包括早期的其他类型奇异点，如第Ⅰ/Ⅱ类奇异点、约束[18-19]或结构奇异点[20-21]。因此，到20世纪90年代末，人们可以针对任意机构的给定构型，来判断它是否为奇异构型。但很明显，为了让理论付诸于实践，直接获得机构的整体奇异点集合，进而规划规避全部奇异点集或其子集的路径，是至关重要的。然而，正如文献[17]的第7章中所述，在出现能够解决相关方程组的方法之前，大量的计算问题仍然有待攻克。

进入21世纪以来，出现了很多处理奇异点集计算或规避方面的工作，特别是针对并联机构展开的。相关工作包括：Bonev[22]研究了几个并联平台的奇异点集；Mayer St-Onge等[23]和Li等[24]提供了一般Gough-Stewart平台六维奇异点集的解析形式；Merlet[25]提出了工作空间奇异点检查的正则数值方法；Dasgupta和Mruthyunjaya[26]以及Sen等[27]提出了避奇异路径规划的路径变形/演变技术；Jiang和Gosselin[28]针对Gough-Stewart平台给出了计算无奇异方向空间的方法；Borràs等找到了一些可以保证奇异点集不变的连杆重构方案，可使现有的奇异点集和已知的机构演化为新的、易于构建的设计[29-32]。上述研究非常有意义，这里只对它们进行简单描述（详尽综述可参阅文献[33-34]）。然而，现有该方面的研究依然局限于特定机构，或狭义的机构类型中，还未出现计算或规避任意多体系统奇异点的通用方法。撰著本书的目的正是对作者在该领域研究成果的总结凝练，以填补这一研究空白[35-49]。

1.2 前提假设和适用范围

就本书的目的而言，机器人机构将是一个具有指定输入和输出坐标的多体系统，也就是说，需要指定哪些关节被驱动，哪些变量描述预期的任务空间功能。本书将主要针对非冗余机构，即那些输入和输出变量都等于所要控制的自由度数量的机构。经过适当扩展，本书的分析结果同样适用于冗余机构，但对于非冗余情况，本书方法具有简单的对称性，这种对称性在扩展到存在冗余驱动情况时会变得模糊。而在特殊情况下，本书中工作空间的确定方法是同时适用于两类机构的。

除特别说明外，本书中机构的各部分或连杆是刚性的，连杆之间通过低副连接，并且连接模式可以是任意的，包括开式和闭式运动链。根据连杆的可达运动空间的不同，将机构分为平面机构、球面机构和空间机构。平面机构和球面机构通常有3个自由度（分别为2个平动加1个旋转或者3个旋转），空间机构通常有6个自由度（3个平动和3个旋转）。在实践中可能会遇到各种不同形式的机构，如图1.3中各图所示，本书结果对这些机构均是适用的。

快速成型六爪机器人[50]
（蒙特利尔Ilian Bonev教授提供）

DLR轻量化机械手臂[51]
（德国机器人学和机电一体化研究所DLR提供）

Gough-Stewart平台[52]
（Hydra电力系统公司提供）

MicARH六足微定位器[53]
（蒙特利尔Ilian Bonev教授提供）

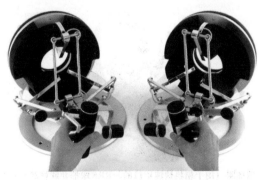

一对Omega.7力反馈触觉机器人[54]
（Force Dimension提供）

Execheon X700并联机床[55-57]
（Exechon AB公司提供）

3-RRR平面并联机构[58]
（Robotica工业公司提供）

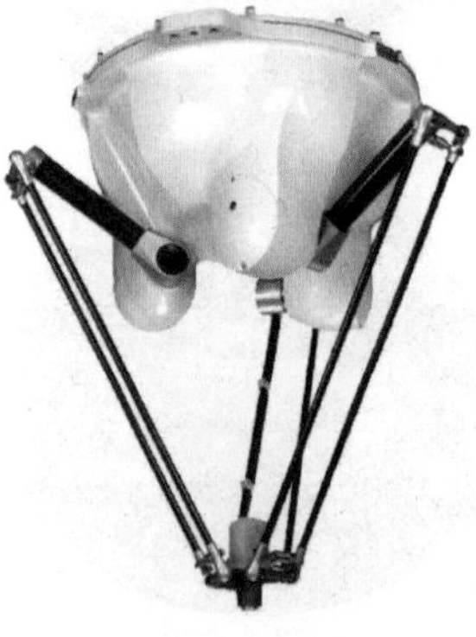

川崎超高速Delta机器人YF03N[59]
（川崎机器人有限公司提供）

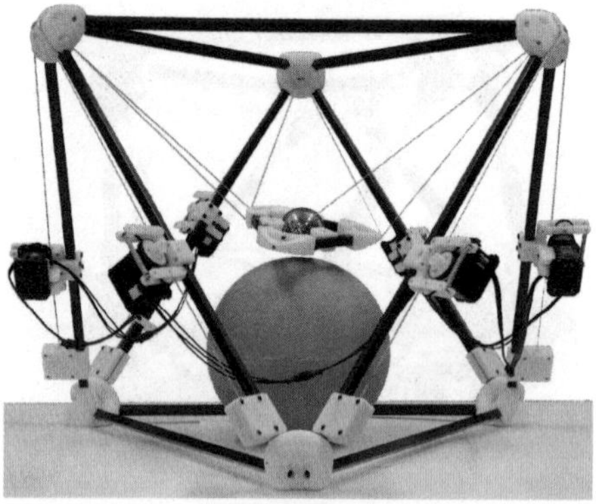

六足绳驱平台[40,49]
（Robotica工业公司提供）

敏捷眼（用于相机快速定位的3-RRR球形并联机器人）[60]
（拉瓦尔大学Clement Gosselin教授提供）

图 1.3　实践中各种不同形式的机构

在计算奇异点集时,将忽略连杆间碰撞问题。尽管在文献中这是一个典型的假设,我们仍注意到考虑碰撞约束在确定工作空间时是有用的。然而,这些约束将使所考虑的问题增加巨大的复杂度,因此利用在随机路径规划方法中常用的碰撞检验的后验法来处理这些约束更加合适。而碰撞约束可以用任何现有的路径规划方法来处理(通过在成本函数中增加惩罚项)。此外,通过适当增加方程,本书所有算法也将适用于考虑关节的受力约束。

1.3 读者指南

本书各章节内容关系如图 1.4 所示。图中两分支分别对应于奇异点集计算方法和避奇异点路径规划方法。阅读本章及第 2 章后,读者可以独立理解这两类方法。每章内容总结如下。

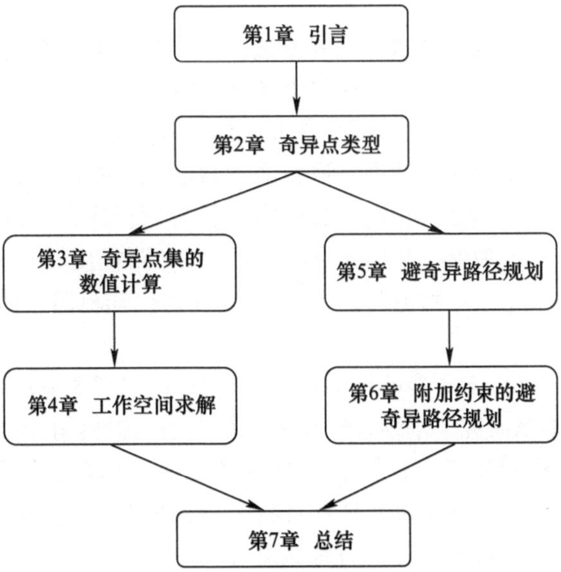

图 1.4 章节关联性

第 1 章介绍本书的研究内容、主要研究目标和研究范围、历史背景和全书的总体结构。

第 2 章整体概括主要的奇异点类型,并给出了描述每种构型的数学条件。利用微分几何的概念,本章给出这些条件的几何解释,并讨论了遍历每个奇异子集的运动效果。然后回顾 Zlatanov 提出的 6 种低阶奇异点类型的定义,并在一个能够解析分析的简单机构上对所有奇异点进行了示例说明。

第 3 章提出一种计算第 2 章所给出的所有类型奇异点集合的方法。由于该方法适用于任何具有低副关节的非冗余机构，因此它能以理想的精度分离出任意一组集合，具有很强的通用性。为此，用二次多项式建立描述奇异点集的方程组，然后利用这种多项式的特殊形式定义了一套可以计算所有奇异点集的分支修剪策略。由于奇异点集通常是在高维空间中定义的，我们还提供了如何以更有意义且信息量更大的方式表示这些奇异点集的方法。

第 4 章将第 2 章和第 3 章的结论进行了扩展，从而计算并表达机构的不同工作空间。本章阐释了如何通过计算广义奇异点集来识别工作空间的边界、在边界内部发生的不同形式的运动障碍和运动能力丧失情况，从而得到描述运动空间的示意图，包括内部、外部区域以及分割工作空间的运动障碍。鉴于机构的各关节极限位置对工作空间有很大影响，本章在计算的同时考虑了机械关节极限。另外，本章还将提出的方法与现有的普适性方法进行了对比。

第 5 章提出一种避奇异路径规划方法。给定机构的两个构型，该方法旨在规划一条连接两个构型且不经过任何奇异点的路径，可用于一般的非冗余机构，只要在给定分辨率下存在可行路径，该方法即能获得这样的可行路径；否则，该方法给出可行路径不存在的结论。该方法的核心思想在于，构型空间的无奇异区域与光滑流形对应，因此，在这一流形内进行规划操作，即可得到机构所有可行无奇异运动路径。为保证与奇异点集间隙最小，路径规划时确定一条使雅可比矩阵行列式值大于某一阈值为约束的路径，在仅已知机器人抽象结构时，该判据非常合适。

第 6 章指出，当已知更多的机构特性需求时，可以考虑采用更加有意义的间隙约束。例如，本章研究了刚性臂驱动或绳驱动的六轴机构，解释了如何在规划路径上保持所有构型处扭矩不变特性，即能够抵消施加在平台上带有有界六维扰动的给定扭矩。尽管整体研究是针对特定机构展开的，本章给出了如何将其拓展应用于处理其他机器人机构的简要说明。

第 7 章对本书贡献和结论进行了总结，对未来发展方向进行了展望。

参考文献

1. Companion web page of this book: http://www.iri.upc.edu/srm. Accessed 16 Jun 2016
2. A. Rull, Disseny, implementació i control d'un robot paral·lel de 5 graus de llibertat, Master's thesis, Universitat Politècnica de Catalunya (2011)

3. M. Honegger, A. Codourey, E. Burdet, Adaptive control of the hexaglide, a 6 DOF parallel manipulator, in *Proceedings of the IEEE International Conference on Robotics and Automation, ICRA (Albuquerque, USA)* (1997), pp. 543–548
4. J.M. Porta, L. Ros, T. Creemers, F. Thomas, Box approximations of planar linkage configuration spaces. ASME J. Mech. Design **129**(4), 397–405 (2007)
5. J.M. Porta, L. Ros, F. Thomas, A linear relaxation technique for the position analysis of multi-loop linkages. IEEE Trans. Robot. **25**(2), 225–239 (2009)
6. J. Porta, L. Ros, O. Bohigas, M. Manubens, C. Rosales, L. Jaillet, The CUIK suite: motion analysis of closed-chain multibody systems. IEEE Robot. Autom. Mag. **21**(3), 105–114 (2014)
7. M.E. Henderson, Multiple parameter continuation: computing implicitly defined k-manifolds. Int. J. Bifurcat. Chaos **12**(3), 451–476 (2002)
8. M.E. Henderson, Multiparameter parallel search branch switching. Int. J. Bifurcat. Chaos Appl. Sci. Eng. **15**(3), 967–974 (2005)
9. M.E. Henderson, *Numerical Continuation Methods for Dynamical Systems: Path Following and Boundary Value Problems*, ch. Higher-Dimensional Continuation (Springer, 2007), pp. 77–115
10. J.M. McCarthy, Kinematics, polynomials, and computers–a brief history. ASME J. Mech. Robot. **3**, 7–11 (2011)
11. C.M. Gosselin, J. Angeles, Singularity analysis of closed-loop kinematic chains. IEEE Trans. Robot. Autom. **6**(3), 281–290 (1990)
12. D. Zlatanov, R.G. Fenton, B. Benhabib, Singularity analysis of mechanisms and robots via a motion-space model of the instantaneous kinematics, in *Proceedings of the IEEE International Conference on Robotics and Automation, ICRA (San Diego, USA)* (1994), pp. 980–985
13. D. Zlatanov, R.G. Fenton, B. Benhabib, Singularity analysis of mechanisms and robots via a velocity-equation model of the instantaneous kinematics, in *Proceedings of the IEEE International Conference on Robotics and Automation, ICRA (San Diego, USA)* (1994), pp. 986–991
14. D. Zlatanov, R.G. Fenton, B. Benhabib, Analysis of the instantaneous kinematics and singular configurations of hybrid-chain manipulators, in *Proceedings of the ASME 23rd Biennial Mechanisms Conference (Minneapolis, USA)*, vol. 72 (1994), pp. 467–476
15. F.C. Park, J.W. Kim, Singularity analysis of closed kinematic chains. ASME J. Mech. Design **121**(1), 32–38 (1999)
16. I.A. Bonev, D. Zlatanov, The mystery of the singular SNU translational parallel robot (2001), http://www.parallemic.org. Accessed 26 Dec 2015
17. D. Zlatanov, *Generalized Singularity Analysis of Mechanisms*. Ph.D. thesis, University of Toronto (1998)
18. D. Zlatanov, I.A. Bonev, C. M. Gosselin, Constraint singularities as C-Space singularities, in *Advances in Robot Kinematics: Theory and Applications*, ed. by J. Lenarcic, F. Thomas (Kluwer Academic Publishers, 2002), pp. 183–192
19. D. Zlatanov, I.A. Bonev, C.M. Gosselin, Constraint singularities of parallel mechanisms, in *Proceedings of the IEEE International Conference on Robotics and Automation, ICRA (Washington D.C., USA)*, vol. 1 (2002), pp. 496–502
20. O. Ma, J. Angeles, Architecture singularities of parallel manipulators. Int. J. Robot. Autom. **7**(1), 23–29 (1992)
21. J. Borràs, F. Thomas, C. Torras, Architecture singularities in flagged parallel manipulators, in *Proceedings of the IEEE International Conference on Robotics and Automation, ICRA (Pasadena, USA)* (2008), pp. 3844–3850
22. I.A. Bonev, *Geometric Analysis of Parallel Mechanisms*. Ph.D. thesis, Faculté des Sciences et de Génie, Université de Laval (2002)
23. B.M. St-Onge, C.M. Gosselin, Singularity analysis and representation of the general Gough-Stewart platform. Int. J. Robot. Res. **19**(3), 271–288 (2000)
24. H. Li, C.M. Gosselin, M.J. Richard, B.M. St-Onge, Analytic form of the six-dimensional singularity locus of the general Gough-Stewart platform. ASME J. Mech. Design **128**(1), 279–287 (2006)

25. J.-P. Merlet, A formal-numerical approach for robust in-workspace singularity detection. IEEE Trans. Robot. **23**(3), 393–402 (2007)
26. B. Dasgupta, T.S. Mruthyunjaya, Singularity-free path planning for the Stewart platform manipulator. Mech. Mach. Theory **33**(6), 711–725 (1998)
27. S. Sen, B. Dasgupta, A.K. Mallik, Variational approach for singularity-free path-planning of parallel manipulators. Mech. Mach. Theory **38**(11), 1165–1183 (2003)
28. Q. Jiang, C.M. Gosselin, Determination of the maximal singularity-free orientation workspace for the Gough-Stewart platform. Mech. Mach. Theory **44**(6), 1281–1293 (2009)
29. J. Borràs, F. Thomas, C. Torras, Singularity-invariant families of line-plane 5-SPU platforms. IEEE Trans. Robot. **27**(5), 837–848 (2011)
30. J. Borràs, F. Thomas, C. Torras, On Δ-transforms. IEEE Trans. Robot. **25**(6), 1225–1236 (2009)
31. J. Borràs, *Singularity-Invariant Leg Rearrangements in Stewart-Gough Platforms*. Ph.D. thesis, Universitat Politècnica de Catalunya (2011)
32. J. Borràs, F. Thomas, C. Torras, Singularity-invariant leg rearrangements in doubly-planar Stewart-Gough platforms, in *Robotics: Science and Systems Conference* (2011), pp. 1–8
33. P.S. Donelan, Singularity-theoretic methods in robot kinematics. Robotica **25**(6), 641–659 (2007)
34. P.S. Donelan, *Kinematic Singularities of Robot Manipulators*. InTech (2010)
35. O. Bohigas, L. Ros, M. Manubens, A complete method for workspace boundary determination, in *Advances in Robot Kinematics*, ed. by J. Lenarcic, M. Stanisic (Springer, 2010), pp. 329–338
36. O. Bohigas, L. Ros, M. Manubens, A unified method for computing position and orientation workspaces of general Stewart platforms, in *Proceedings of the ASME International Design Engineering Technical Conferences and Computers and Information in Engineering Conference, IDETC/CIE (Washington D.C., USA)* (2011), pp. 959–968
37. O. Bohigas, L. Ros, M. Manubens, A complete method for workspace boundary determination on general structure manipulators. IEEE Trans. Robot. **28**(5), 993–1006 (2012)
38. O. Bohigas, D. Zlatanov, M. Manubens, L. Ros, On the numerical classification of the singularities of robot manipulators, in *Proceedings of the ASME International Design Engineering Technical Conferences and Computers and Information in Engineering Conference, IDETC/CIE (Chicago, USA)* (2012), pp. 1287–1296
39. J.M. Porta, L. Jaillet, O. Bohigas, Randomized path planning on manifolds based on higher-dimensional continuation. Int. J. Robot. Res. **31**(2), 201–215 (2012)
40. O. Bohigas, M. Manubens, L. Ros, Navigating the wrench-feasible C-space of cable-driven hexapods, in *Cable-Driven Parallel Robots*, ed. by T. Bruckmann, A. Pott (Springer, 2012), pp. 53–68
41. O. Bohigas, M. Manubens, L. Ros, Planning singularity-free force-feasible paths on the Stewart platform, in *Latest Advances in Robot Kinematics*, ed. by J. Lenarcic, M. Husty (Springer, 2012), pp. 245–252
42. O. Bohigas, D. Zlatanov, L. Ros, M. Manubens, J.M. Porta, Numerical computation of manipulator singularities, in *Proceedings of the IEEE International Conference on Robotics and Automation, ICRA (St. Paul, USA)* (2012), pp. 1351–1358
43. O. Bohigas, M.E. Henderson, L. Ros, J.M. Porta, A singularity-free path planner for closed-chain manipulators, in *Proceedings of the IEEE International Conference on Robotics and Automation, ICRA (St. Paul, USA)* (2012), pp. 2128–2134
44. O. Bohigas, M. Manubens, L. Ros, Singularities of non-redundant manipulators: a short account and a method for their computation in the planar case. Mech. Mach. Theory **68**, 1–17 (2013)
45. O. Bohigas, M.E. Henderson, L. Ros, M. Manubens, J.M. Porta, Planning singularity-free paths on closed-chain manipulators. IEEE Trans. Robot. **29**(4), 888–898 (2013)
46. O. Bohigas, M. Manubens, L. Ros, A linear relaxation method for computing workspace slices of the Stewart platform. ASME J. Mech. Robot. **5**, 0011005–1–011005–10 (2013)
47. O. Bohigas, D. Zlatanov, L. Ros, M. Manubens, J.M. Porta, A general method for the numerical computation of manipulator singularity sets. IEEE Trans. Robot. **30**(2), 340–351 (2014)
48. J.M. Porta, L. Ros, O. Bohigas, M. Manubens, C. Rosales, L. Jaillet, An open-source toolbox for motion analysis of closed-chain mechanisms, in *Computational Kinematics*, ed. by F. Thomas, A. Pérez Gracia. Mechanisms and Machine Science, vol. 15 (Springer, 2014), pp. 147–154

49. O. Bohigas, M. Manubens, L. Ros, Planning wrench-feasible motions for cable-driven hexapods. IEEE Trans. Robot. **32**(2), 442–457 (2016)
50. N. Seward, I. Bonev, A new 6-DOF parallel robot with simple kinematic model, in *Proceedings of the IEEE International Conference on Robotics and Automation, ICRA (Hong Kong, China)* (2014), pp. 4061–4066
51. A. Albu-Schaffer, S. Haddadin, C. Ott, A. Stemmer, T. Wimbock, G. Hirzinger, The DLR lightweight robot: design and control concepts for robots in human environments. Ind. Robot: Int. J. **34**(5), 376–385 (2007)
52. Hydra-Power Systems, http://www.hpsx.com/. Accessed 26 Jan 2016
53. J. Coulombe, I.A. Bonev, A new rotary hexapod for micropositioning, in *Proceedings of the IEEE International Conference on Robotics and Automation, ICRA (Karlsruhe, Germany)* (2013), pp. 877–880
54. Force Dimension, http://www.forcedimension.com. Accessed 26 Dec 2015
55. The Exechon Parallel Kinematics Machine, http://www.exechon.com/. Accessed 26 Dec 2015
56. M. Zoppi, D. Zlatanov, R. Molfino, Kinematics analysis of the Exechon tripod, in *Proceedings of the ASME 2010 International Design Engineering Technical Conferences*, Aug 2010, pp. DETC2010–28668 1–8
57. M. Zoppi, D. Zlatanov, R. Molfino, Constraint and singularity analysis of the Exechon tripod, in *Proceedings of the ASME 2010 International Design Engineering Technical Conferences*, Aug 2012, pp. DETC2012–71184 1–10
58. A. Rajoy, Planificaci6n y ejecuci6n de trayectorias libres de singularidades en robots paralelos 3-RRR, Master's thesis, Universitat Politècnica de Catalunya (2015), http://goo.gl/Hsba1K. Accessed 16 Jun 2016
59. Kawasaki Robotics, http://www.kawasakirobotics.com. Accessed 16 Jun 2016
60. C.M. Gosselin, E. St.-Pierre, Development and experimentation of a fast three-degree-of-freedom camera-orienting device. Int. J. Robot. Res. **16**(5), 619–630 (1997)

第2章 奇异点类型

虽然关于奇异点分析的文献很丰富,但人们常常对奇异点中可能出现的临界现象的范围以及检测此类现象所需的分析方法感到陌生。为了扭转这一趋势,并为本书其余部分提供必要的背景知识,本章给出可能的奇异点类型及其对它们的解释,以及描述每种类型奇异点的数学特征。

我们从给出奇异点的严格定义开始,它依赖于定义机构可行速度矢量的方程组[1](2.1 节)。与其他方法不同的是,这一速度矢量有足够的自由度来确定整体速度状态,而不仅仅是输入和输出速度。这对于发现所有可能的奇异点类型至关重要;否则可能遗漏某些奇异点。然后,本章针对常见奇异点提供了一种新的几何解释(2.2 节)。这些几何解释可看作 C 空间的轮廓[2],构成了图 2.7 所示的丰富图像,这对理解本书其他内容非常重要。该图指出了主要的奇异位形、穿过每个奇异位形的运动学结果,以及如何通过奇异位形的投影看出机构所有潜在的运动能力。此外,回顾了 Zlatanov 的底层奇异点类型,并提出了描述每种类型的新方程组(2.3 节)。最后,本章将提出的方程组应用于一个具有所有可能奇异点类型的简单机构分析中(2.4 节)。

2.1 正运动学奇异点与逆运动学奇异点

机构构型可以用n_q广义坐标的元组 $\boldsymbol{q}$ 来描述,该元组 $\boldsymbol{q}$ 表示在给定时刻所有连杆的位置和方向。$\boldsymbol{q}$ 的形式和维数可以完全自由选择,但它必须描述且仅描述一个构型。该机构可能具有的所有构型的集合,称为该机构的构型空间,或称为 C 空间。

根据不同情况,$\boldsymbol{q}$ 中的元素可能是独立的,也可能不是。后一种情况更常见,通常发生在闭链机构中,此时元组 $\boldsymbol{q}$ 必须满足下述非线性方程组,即

$$\boldsymbol{\Phi}(\boldsymbol{q})=\mathbf{0} \tag{2.1}$$

表示由关节施加的装配约束[3]。该函数 $\boldsymbol{\Phi}(\boldsymbol{q})$ 是可微映射,即

$$\boldsymbol{\Phi}: \mathcal{Q} \rightarrow \mathcal{E}$$

式中:$\mathcal{Q}$ 和 $\mathcal{E}$ 分别为 n_q-维流形和 n_e-维流形。因此,机构的 C 空间可由以下集合表示,即

$$\mathcal{C}=\{\boldsymbol{q} \in \mathcal{Q}: \boldsymbol{\Phi}(\boldsymbol{q})=\mathbf{0}\}$$

建立一个区分于 $\boldsymbol{q} \in \mathcal{C}$ 的集合 $\mathcal{G}$,其中的元组 $\boldsymbol{q}$ 使雅可比矩阵

$$\boldsymbol{\Phi}_q(\boldsymbol{q})=\begin{bmatrix} \dfrac{\partial \boldsymbol{\Phi}_1}{\partial \boldsymbol{q}_1} & \cdots & \dfrac{\partial \boldsymbol{\Phi}_1}{\partial \boldsymbol{q}_{n_q}} \\ \vdots & & \vdots \\ \dfrac{\partial \boldsymbol{\Phi}_{n_e}}{\partial \boldsymbol{q}_1} & \cdots & \dfrac{\partial \boldsymbol{\Phi}_{n_e}}{\partial \boldsymbol{q}_{n_q}} \end{bmatrix}$$

是秩亏的,并得到其补集 $\mathcal{C} \backslash \mathcal{G}$。由隐函数定理[4],$\mathcal{C} \backslash \mathcal{G}$ 是维数 $n=n_q-n_e$ 的光滑流形,这是因为对于每一个 $\boldsymbol{q} \in \mathcal{C} \backslash \mathcal{G}$,都可以找到 $\mathcal{C}$ 的局部参数化。因此,$\mathcal{C}$ 中可能失去流形结构特征的点均在 $\mathcal{G}$ 中,但对于大多数机构,$\mathcal{G}$ 相对于 $\mathcal{C}$ 具有 1 或更高的余维数。

在给定的构型 $\boldsymbol{q}$ 处,机构可能的瞬时运动可以用一个线性方程组来描述,即

$$\boldsymbol{L}\boldsymbol{m}=\mathbf{0} \tag{2.2}$$

式中:$\boldsymbol{L}$ 为依赖于 $\boldsymbol{q}$ 的矩阵;$\boldsymbol{m}$ 为机构的速度矢量。该矢量包含足够编码机构所有点速度的坐标,其形式为

$$\boldsymbol{m}=\begin{bmatrix} \boldsymbol{m}_u \\ \boldsymbol{m}_v \\ \boldsymbol{m}_p \end{bmatrix}$$

式中:$\boldsymbol{m}_u$、$\boldsymbol{m}_v$ 和 $\boldsymbol{m}_p$ 分别为输出、输入和无源速度。通常,$\boldsymbol{m}_u$ 表示末端执行器上一点的速度、角速度或扭转速度;$\boldsymbol{m}_v$ 表示驱动关节速度;$\boldsymbol{m}_p$ 包含了其余的速度分量。这样一个方程组,在文献中称为速度方程,可以通过对式(2.1)取微分得到(假设 $\boldsymbol{q}$ 包含所有输入输出坐标,见 2.2 节),或利用扭环方程(见第 3 章)及其他策略,因此,该方程可用于一般机构奇异点的识别。为了进行这种识别,假设

对于给定的 $\boldsymbol{q}$，有以下两点：

（1）正瞬时运动学问题（FIKP）旨在根据给定的$\boldsymbol{m}_v$求解 $\boldsymbol{m}$；

（2）逆瞬时运动学问题（IIKP）旨在根据给定的$\boldsymbol{m}_u$求解 $\boldsymbol{m}$。

需注意的是，与文献[5]的假设不同，两种情况下都需要找到 $\boldsymbol{m}$ 的所有速度分量，而非仅仅与输入或输出速度有关的分量。根据文献[1]，对于任一构型 $\boldsymbol{q}$，当其正瞬时运动学问题和逆瞬时运动学问题对任意$\boldsymbol{m}_u$或$\boldsymbol{m}_v$均具有唯一解时，称其为非奇异构型；反之，称该构型为奇异构型。所有奇异构型的集合 $\mathcal{S}$ 称为机构的奇异集。在 $\mathcal{S}$ 中，首先区分两种奇异点类型：正运动学奇异点，即对于任一给定$\boldsymbol{m}_v$，正瞬时运动学问题没有唯一解的构型；逆运动学奇异点，即对于任一给定$\boldsymbol{m}_u$，逆瞬时运动学问题没有唯一解的构型。

为了描述正运动学奇异子集和逆运动学奇异子集，将速度矢量按下列方式分块，即

$$\boldsymbol{m} = \begin{bmatrix} \boldsymbol{m}_v \\ \boldsymbol{m}_y \end{bmatrix}; \boldsymbol{m} = \begin{bmatrix} \boldsymbol{m}_u \\ \boldsymbol{m}_z \end{bmatrix}$$

式中：$\boldsymbol{m}_y$和$\boldsymbol{m}_z$分别包含了 $\boldsymbol{m}$ 中除了$\boldsymbol{m}_v$和$\boldsymbol{m}_u$以外的其他分量。此外，为与上述分块对应，将 $\boldsymbol{L}$ 进行以下分块，即

$$\boldsymbol{L} = [\boldsymbol{L}_v \quad \boldsymbol{L}_y]; \boldsymbol{L} = [\boldsymbol{L}_u \quad \boldsymbol{L}_z]$$

这样，可以将式（2.2）写为以下任一种形式，即

$$\boldsymbol{L}_v\boldsymbol{m}_v + \boldsymbol{L}_y\boldsymbol{m}_y = 0 \tag{2.3}$$

$$\boldsymbol{L}_u\boldsymbol{m}_u + \boldsymbol{L}_z\boldsymbol{m}_z = 0 \tag{2.4}$$

由于在 1.2 节中假设机构是非冗余的，所以$\boldsymbol{m}_v$和$\boldsymbol{m}_u$中的坐标数都等于运动链的全局自由度，将其定义为 C 空间的维数 n。特别地，$\boldsymbol{L}$ 的列数比其行数恰好多 n，且$\boldsymbol{L}_y$和$\boldsymbol{L}_z$均为方阵[1]。因此，对于$\boldsymbol{L}_y$和$\boldsymbol{L}_z$满秩的构型 $\boldsymbol{q}$，可以将式（2.3）和式（2.4）写成

$$\boldsymbol{m}_y = -\boldsymbol{L}_y^{-1}\boldsymbol{L}_v\boldsymbol{m}_v \tag{2.5}$$

$$\boldsymbol{m}_z = -\boldsymbol{L}_z^{-1}\boldsymbol{L}_u\boldsymbol{m}_u \tag{2.6}$$

利用式（2.5）和式（2.6）可求解机构的正瞬时运动学问题和逆瞬时运动学问题。然而，式（2.5）和式（2.6）仅在$\boldsymbol{L}_y$和$\boldsymbol{L}_z$可逆时成立，即仅在这种情况下，输入、输出速度$\boldsymbol{m}_v$和$\boldsymbol{m}_u$才能唯一确定其余的速度分量$\boldsymbol{m}_y$和$\boldsymbol{m}_z$。当然，也一定会这样，这是因为，在构型 $\boldsymbol{q}$ 处，若$\boldsymbol{L}_y$是秩亏的，对于给定的$\boldsymbol{m}_v$，式（2.3）要么无解，要

么有无穷多解，在这种情况下，无法通过指定执行机构的速度$\boldsymbol{m}_v$来确定机构的速度 $\boldsymbol{m}$。同样，当$\boldsymbol{L}_z$秩亏时，根据式(2.4)，$\boldsymbol{m}_u$和 $\boldsymbol{m}$ 之间具有类似关系。

根据上述分析可以指出，对于构型 $\boldsymbol{q} \in \mathcal{C}$，当且仅当$\boldsymbol{L}_y$或$\boldsymbol{L}_z$秩亏时，该构型是奇异的。因此，奇异集 $\mathcal{S}$ 可表示为下列方程组解集的并集：

$$\begin{cases} \boldsymbol{\Phi}(\boldsymbol{q}) = \boldsymbol{0} \\ \boldsymbol{L}_y \boldsymbol{\xi} = \boldsymbol{0} \\ \|\boldsymbol{\xi}\|^2 = 1 \end{cases} \tag{2.7}$$

$$\begin{cases} \boldsymbol{\Phi}(\boldsymbol{q}) = \boldsymbol{0} \\ \boldsymbol{L}_z \boldsymbol{\xi} = \boldsymbol{0} \\ \|\boldsymbol{\xi}\|^2 = 1 \end{cases} \tag{2.8}$$

以上两个方程组中的第一个方程用来约束 $\boldsymbol{q}$ 为机构的可行构型，第二和第三个方程用来约束相应矩阵存在非零矢量的核(kernel)。需要指出，$\|\boldsymbol{\xi}\|^2$可以为任意等效形式，如$\boldsymbol{\xi}^{\mathrm{T}}\boldsymbol{D}\boldsymbol{\xi}$，其中，$\boldsymbol{D}$ 为具有适当物理单位的对角阵。没有必要使范数在坐标系或单位变化时保持不变。总之，$\|\boldsymbol{\xi}\|^2 = 1$ 这一条件仅为了保证 $\boldsymbol{\xi}$ 非零。显然，满足式(2.7)的构型$\boldsymbol{q}$ 是正运动学奇异点，而满足式(2.8)的构型$\boldsymbol{q}$ 是逆运动学奇异点。在第3章中，将利用这两组方程组对正、逆运动学奇异点子集进行数值计算。

通过对式(2.1)微分得到矩阵 $\boldsymbol{L}$ 时，依赖于所采用的公式，前一个方程组可用于获得公式化奇异点[6]，例如，由 SO(3)中3个参数的参数化引起的奇异点。然而，本书提出的一般方程通过使用式(3.8)~式(3.11)提供的 SO(3)的冗余表示避免了这一问题，并通过螺旋理论获取速度方程(见3.2节)。

2.2 奇异点的几何解释

当机构穿过奇异点时，在无穷小和有限运动程度上都会发生一些变化。本书提供了一种使用微分几何和轮廓分析的基本概念来理解这种变化的简单方法[7-9]。为此，假设该机构的输入、输出分量在 $\boldsymbol{q}$ 中是显式的，这样，将式(2.1)对时间取导数，即可直接得到式(2.2)。

2.2.1 奇异点诱发不稳定运动的机理

考虑一构型 $\boldsymbol{q} \in \mathcal{C}$，和一个通过 $\boldsymbol{q}$ 的 C 空间轨迹 $\boldsymbol{q}(t)$，其中 t 为时间参数。

由式(2.1)可知,对所有 t,满足

$$\boldsymbol{\Phi}(\boldsymbol{q}(t))=\mathbf{0}$$

由于 $\boldsymbol{q}(t)$ 完全在 C 空间中。将该式对时间取微分,即可得到以下形式表示的式(2.2),即

$$\boldsymbol{\Phi}_q(\boldsymbol{q})\dot{\boldsymbol{q}}(t)=\mathbf{0} \tag{2.9}$$

其中:对于给定 $\boldsymbol{q}\in C$,该机构的可行速度矢量显然是矩阵 $\boldsymbol{\Phi}_q(\boldsymbol{q})$ 核中的速度矢量。对 $\boldsymbol{q}$ 进行分块表示,有

$$\boldsymbol{q}=(\boldsymbol{v},\boldsymbol{y});\boldsymbol{q}=(\boldsymbol{u},\boldsymbol{z})$$

式中:$\boldsymbol{v}$ 和 $\boldsymbol{u}$ 分别为包含 n 个输入和 n 个输出坐标的元组;$\boldsymbol{y}$ 和 $\boldsymbol{z}$ 为包含 $\boldsymbol{q}$ 中剩余的坐标分量。这样,式(2.9)可写为下列形式之一,即

$$\boldsymbol{\Phi}_v\dot{\boldsymbol{v}}+\boldsymbol{\Phi}_y\dot{\boldsymbol{y}}=\mathbf{0} \tag{2.10}$$

$$\boldsymbol{\Phi}_u\dot{\boldsymbol{u}}+\boldsymbol{\Phi}_z\dot{\boldsymbol{z}}=\mathbf{0} \tag{2.11}$$

为了表达简洁,这里省略了求导所依赖的 $\boldsymbol{q}$ 或 t。需要指出,这些方程中,$\boldsymbol{\Phi}_q$、$\boldsymbol{\Phi}_v$、$\boldsymbol{\Phi}_u$、$\boldsymbol{\Phi}_y$、$\boldsymbol{\Phi}_z$发挥着式(2.2)~式(2.4)中 $\boldsymbol{L}$、$\boldsymbol{L}_v$、$\boldsymbol{L}_u$、$\boldsymbol{L}_y$、$\boldsymbol{L}_z$的作用。这样,当 $\boldsymbol{\Phi}_y$或 $\boldsymbol{\Phi}_z$秩亏时,$\boldsymbol{q}$ 即为正或逆运动学奇异点。

从式(2.10)和式(2.11)中可以看出,当输入或输出坐标锁定时,机构具有无穷小的柔度或发生振动。当然,设置式(2.10)和式(2.11)中 $\dot{\boldsymbol{v}}=0$ 和 $\dot{\boldsymbol{u}}=0$,即得具有无穷多解的齐次方程组。这些解可以解释为,具有无穷多可行速度或无穷小的运动,且这种现象会在实际机构中真实出现,并会被关节的反向间隙放大。

这对检验实际物理模型中的构型是否奇异提供了有效的解决方法。图 2.1和图 2.2 在一个 3 - $\underline{\text{R}}$RR 并联机构中进行了说明。该并联机构将一个三角形连接到一个有 3 条支链的移动平台,其中每条支链均为包含 3 个转动副的支链。假设每条支链的机架为驱动关节,那么输入坐标和输出坐标分别为机架的角度和运动三角形的位姿变量。众所周知,当 3 个连杆同时处于最远端时,该机构会发生正运动学奇异,而当一个支链的 3 个关节共线时,该机构发生逆运动学奇异[11]。图 2.1 和图 2.2 分别展示了非奇异构型、正运动学奇异构型、逆运动学奇异构型,以及兼具正、逆运动学奇异特性的构型。除第 3 种情况外,机架均为锁定状态。完整的动态演示过程可查阅本书网页[10]。

在接下来的两节中将详细分析这种退化行为，并给出 C 空间切空间的具体形式和位置，以及由此产生的运动学变化。

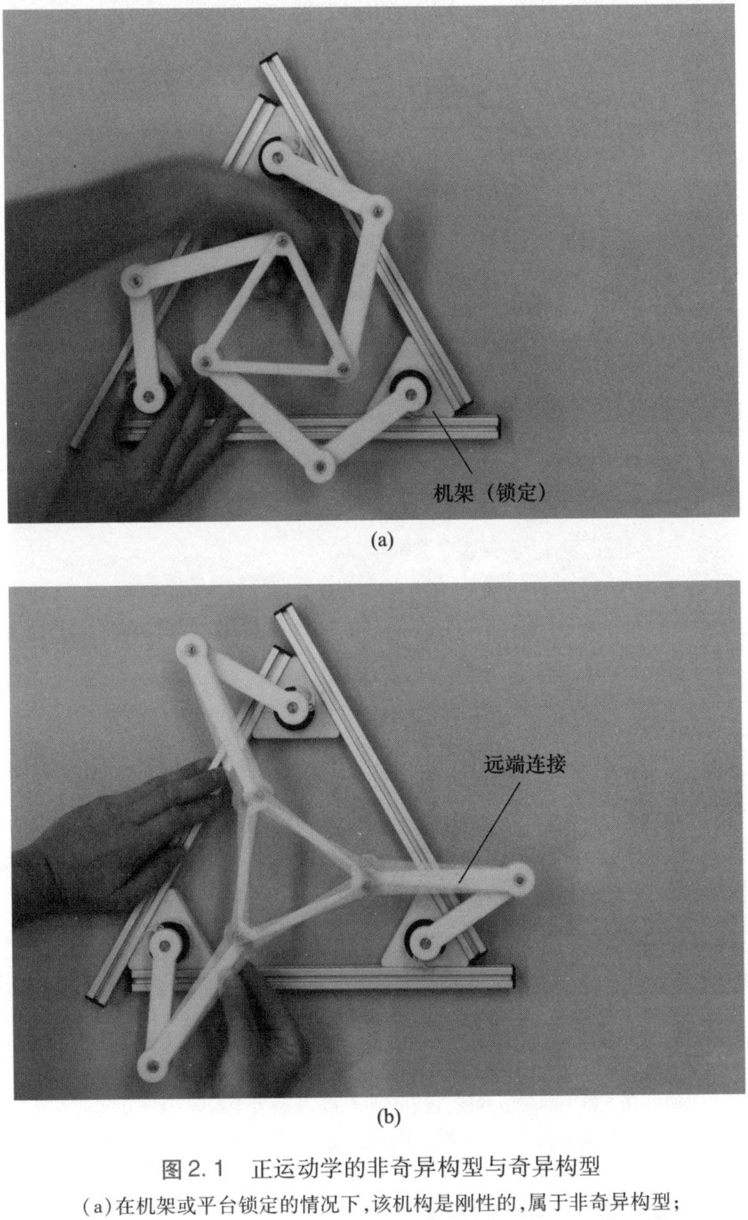

图 2.1　正运动学的非奇异构型与奇异构型

(a)在机架或平台锁定的情况下，该机构是刚性的，属于非奇异构型；
(b)3 个连杆均处于最远端，机构发生振动，属于正运动学奇异构型。

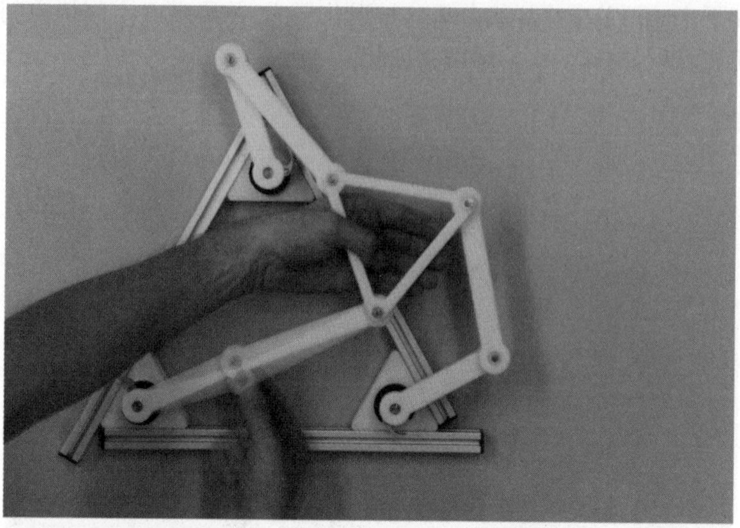

(a)

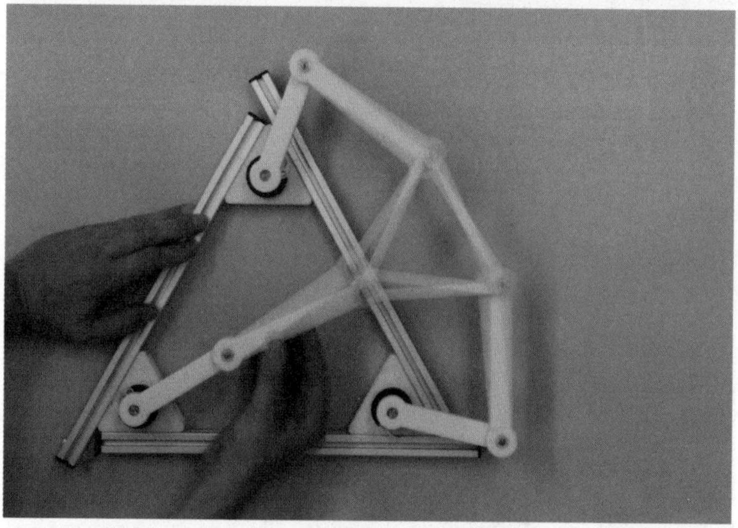

(b)

图 2.2 运动学的构型(整体过程演示请参考文献[10])
(a)一条支链上的关节共线,锁定动平台后,支链发生震颤,属于逆运动学奇异构型;(b)兼具正、逆运动学奇异特性的构型。

2.2.2 $\mathcal{C}$ 空间、输入、输出奇异点

考虑所有 $\mathcal{C}$ 中通过点 $\boldsymbol{q} \in \mathcal{C} \backslash \mathcal{G}$ 的曲线 $\boldsymbol{q}(t)$,以及 $\boldsymbol{q}$ 点的切矢量 $\dot{\boldsymbol{q}}(t)$。$\mathcal{C}$ 在

$\boldsymbol{q}$ 点的切空间记为 $\mathcal{T}_q\mathcal{C}$，是所有这些切矢量的集合(图 2.3)。由于这些矢量必须满足式(2.9)，因此有

$$\mathcal{T}_q\mathcal{C} = \ker(\boldsymbol{\Phi}_q)$$

且 $\mathcal{T}_p\mathcal{C}$ 是维度为 $n = n_q - n_e$ 的矢量空间。当 $\boldsymbol{\Phi}_q$ 满秩时，可行速度矢量位于与 $\mathcal{C}$ 相同维数的切空间中，这与非冗余机构的输入输出数相同。

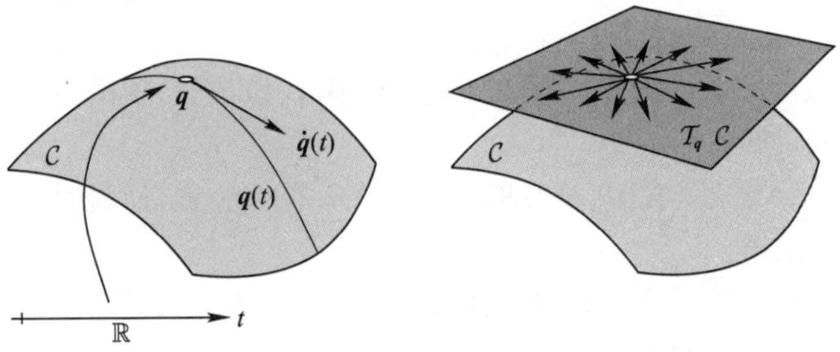

图 2.3　在点 $\boldsymbol{q} \in \mathcal{C}\backslash\mathcal{G}$ 的切空间(记为 $\mathcal{T}_q\mathcal{C}$，由所有通过点 $\boldsymbol{q}$ 的曲线 $\boldsymbol{q}(t)$ 的切矢量构成)

如果 $\boldsymbol{\Phi}_q$ 在某个 $\boldsymbol{q} \in \mathcal{C}$ 处秩亏，则 $\mathcal{C}$ 会失去流形结构特征。比如，这种现象可能发生于 $\mathcal{C}$ 中分岔、尖点、隆脊，或维度改变的位置(图 2.4)。在这些构型位置，由于 $\ker(\boldsymbol{\Phi}_q)$ 中的一些矢量不对应于 $\mathcal{C}$ 中任何参数曲线，切空间是病态的。然而，$\ker(\boldsymbol{\Phi}_q)$ 的所有矢量仍对应于机构的可行无穷小运动，且能够在真实机构中表现出来。由于 $\boldsymbol{\Phi}_q$ 不是满秩的，它们构成了维数大于 n 的空间。

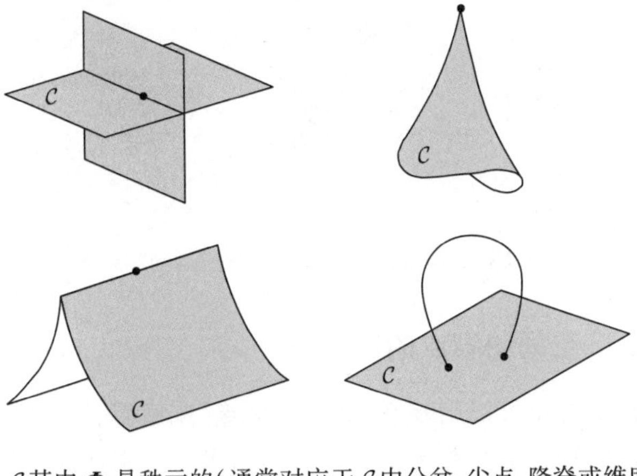

图 2.4　点 $\boldsymbol{q} \in \mathcal{C}$ 其中 $\boldsymbol{\Phi}_q$ 是秩亏的(通常对应于 $\mathcal{C}$ 中分岔、尖点、隆脊或维度改变的位置)

一般情况下,可以说机构的可行速度矢量(或无穷小运动)是 $\mathcal{C}$ 在 $\boldsymbol{q}$ 处的 Zariski 切线空间中的速度矢量,定义为 $\ker(\boldsymbol{\Phi}_q)$[1]。在某个 $\boldsymbol{q}\in\mathcal{C}$ 处的 Zariski 切线空间的维数称为机构的瞬时移动量,并给出了在给定构型下独立无穷小运动的个数。

根据矩阵 $\boldsymbol{\Phi}_q$、$\boldsymbol{\Phi}_y$ 及 $\boldsymbol{\Phi}_z$ 秩的不同,可将奇异点重新划分成以下 3 种类型。

(1) $\mathcal{C}$ 空间奇异点。使雅可比矩阵 $\boldsymbol{\Phi}_q$ 秩亏的点 $\boldsymbol{q}\in\mathcal{G}\subset\mathcal{C}$,在该位置,正、逆瞬时运动学问题都无解或具有不确定解,奇异与否不依赖于输入输出坐标的选择。

(2) 输入奇异点。使 $\boldsymbol{\Phi}_y$ 秩亏的点 $\boldsymbol{q}\in\mathcal{C}\backslash\mathcal{G}$,在该位置,正瞬时运动学问题无解或具有不确定解。

(3) 输出奇异点。使 $\boldsymbol{\Phi}_z$ 秩亏的点 $\boldsymbol{q}\in\mathcal{C}\backslash\mathcal{G}$,在该位置,逆瞬时运动学问题无解或具有不确定解。

$\mathcal{C}$ 空间奇异点发生于点 $\boldsymbol{q}\in\mathcal{G}$ 的位置,此时 $\mathcal{C}$ 会丧失其流形结构特征。由于此时 $\boldsymbol{\Phi}_q$ 秩亏,$\mathcal{C}$ 的切空间是病态的,因此会提高机构的瞬时移动性。相反,对于输入、输出奇异点,$\boldsymbol{\Phi}_q$ 是满秩的,$\mathcal{C}$ 的切空间维度为 n,但该空间的位置非常特殊。我们将在下一节中解释,这是如何导致机构失控或灵活度损失的。

需要指出,当 $\boldsymbol{\Phi}_q$ 秩亏时,$\boldsymbol{\Phi}_y$ 和 $\boldsymbol{\Phi}_z$ 也是秩亏的,因此,正运动学奇异点包含输入奇异点和 C 空间奇异点,逆运动学奇异点包含输出奇异点和 C 空间奇异点。然而,构型可以同时是输入和输出奇异点,但不是 C 空间奇异点(图 2.5)。

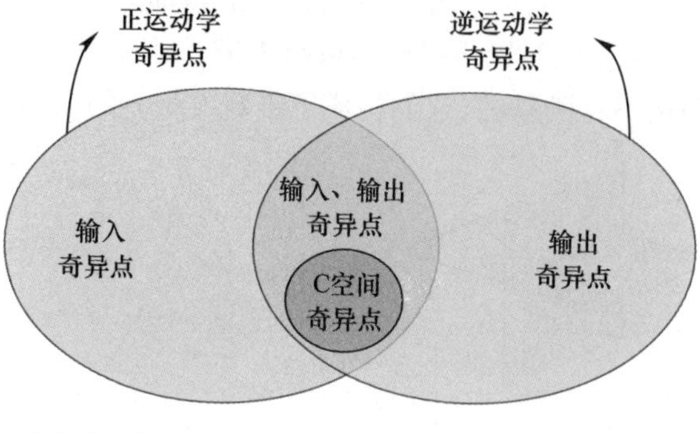

图 2.5　C 空间奇异点,输入、输出奇异点,以及正/逆运动学奇异点之间的包含关系

2.2.3　作为 C 空间轮廓点的奇异点

输入和输出奇异点可以用 C 空间的"轮廓点"来解释,这使我们能够以直观可视化的形式理解穿过这些奇异点的运动学结果。为实现这一目的,回顾一下微分映射中临界点的背景知识[7-9]。

令 $\boldsymbol{\Gamma}(\boldsymbol{q}):\mathcal{Q}\to\mathcal{N}$ 为维数分别是n_q和n_n的两个流形 $\mathcal{Q}$ 和 $\mathcal{N}$之间的任意微分映射。那么,在 $\boldsymbol{q}$ 处,$\boldsymbol{\Gamma}$ 的微分即为切空间之间的映射,有

$$\boldsymbol{\Gamma}_q:\mathcal{T}_q\mathcal{Q}\to\mathcal{T}_{\boldsymbol{\Gamma}_q}\mathcal{N}$$

其中 $\boldsymbol{\Gamma}_q$通过雅可比矩阵计算出 $\boldsymbol{\Gamma}_q=\left[\frac{\partial\boldsymbol{\Gamma}_i}{\partial q_j}(\boldsymbol{q})\right]$。当微分 $\boldsymbol{\Gamma}_q$在 $\boldsymbol{q}$ 点处不是满射时,即在 $\boldsymbol{q}$ 点雅可比矩阵的秩小于 n_n时,点 $\boldsymbol{q}\in\mathcal{Q}$ 称为临界点。$\mathcal{Q}$ 中不是临界点的 $\boldsymbol{q}$ 称为正则点。也可以称临界点为$\boldsymbol{\Gamma}|_{\mathcal{H}}$,即映射 $\boldsymbol{\Gamma}$ 中被限制在子流形 $\mathcal{H}\subseteq\mathcal{Q}$ 上的区域。对于这一子流形上的点 $\boldsymbol{q}\in\mathcal{H}$ 而言,$\boldsymbol{\Gamma}_q(\mathcal{T}_q\mathcal{H})$不能完全张成 $\mathcal{T}_{\boldsymbol{\Gamma}_q}\mathcal{N}$。

图 2.6 中的示例说明了这些概念。假设 $\mathcal{Q}=\mathbb{R}^3$,$\mathcal{N}=\mathbb{R}^2$,$\boldsymbol{q}=(x,y,z)$,$\boldsymbol{\Gamma}$ 是$\mathbb{R}^3$到$\mathbb{R}^2$的微分映射,定义为

$$\boldsymbol{\Gamma}(x,y,z)=(x,y)$$

这样,有$n_q=3$、$n_n=2$。另外,假设 $\mathcal{H}$ 为$\mathbb{R}^3$中由

$$x^2+y^2+z^2=1$$

定义的球面,可以得到

$$\boldsymbol{\Gamma}_q=\begin{bmatrix}1&0&0\\0&1&0\end{bmatrix}$$

为将$\mathbb{R}^3$中矢量映射到$\mathbb{R}^2$上的矩阵。这种情况下,由于 $\mathrm{rank}(\boldsymbol{\Gamma}_q)=2=\dim(\mathbb{R}^2)$,映射 $\boldsymbol{\Gamma}_q:\mathbb{R}^3\to\mathbb{R}^2$无临界点。然而,如果考虑映射 $\boldsymbol{\Gamma}$ 中被限制在子流形 $\mathcal{H}$ 上的$\boldsymbol{\Gamma}|_{\mathcal{H}}$,临界点即会出现。这种情况下,$\boldsymbol{\Gamma}_q$将球的切平面投影到$(x,y)$平面。对于这样的映射,球面上大多数点是正则的,因为它们的切平面的投影覆盖整个$\mathbb{R}^2$。而球"赤道"上的点则为临界点,因为其切平面的投影为$\mathbb{R}^2$上的直线。

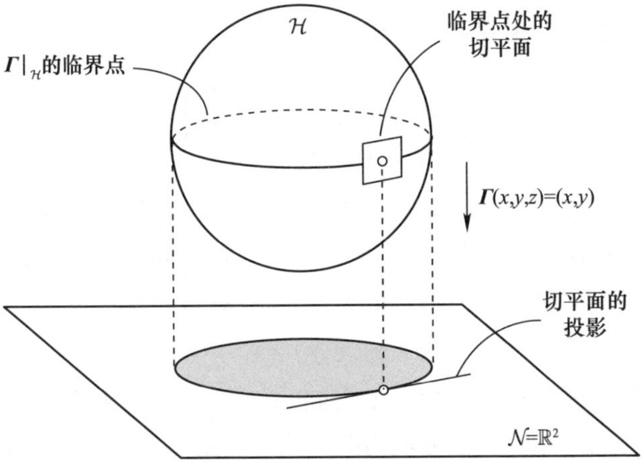

图 2.6　球面在$\mathbb{R}^2$上投影的临界点[9]

一般情况下,在某些子流形 $\mathcal{H}$ 约束下的投影映射中的临界点可以视为从投影空间"观察"$\mathcal{H}$ 得到的轮廓点[9]。为了把这些临界点与奇异点联系起来,这里给出以下结论。

像前述例子一样,假设 $\mathcal{H}$ 是由n_e个方程所构成方程组 $\boldsymbol{\Phi}(\boldsymbol{q})=\boldsymbol{0}$ 隐式定义的光滑流形。那么,当且仅当矩阵

$$(\boldsymbol{\Phi},\boldsymbol{\Gamma})_q=\begin{bmatrix}\boldsymbol{\Phi}_q\\ \boldsymbol{\Gamma}_q\end{bmatrix}$$

在 $\boldsymbol{q}$ 处的秩小于n_e+n_n时,点 $\boldsymbol{q}\in\mathcal{H}$ 是$\boldsymbol{\Gamma}|_{\mathcal{H}}$的临界点。

以图 2.6 为例,$\boldsymbol{\Phi}(\boldsymbol{q})=x^2+y^2+z^2-1$,$n_e=1$,$\boldsymbol{\Gamma}(x,y,z)=(x,y)$,能够得到

$$\begin{bmatrix}\boldsymbol{\Phi}_q\\ \boldsymbol{\Gamma}_q\end{bmatrix}=\begin{bmatrix}2x & 2y & 2z\\ 1 & 0 & 0\\ 0 & 1 & 0\end{bmatrix}$$

因此,球面在(x,y)平面上投影的临界点是该矩阵的秩小于$n_e+n_n=3$ 的点。这发生在 $z=0$ 时,即"赤道"点,正如预期的那样。

现假设 $\mathcal{H}$ 是由式(2.1)定义的 C 空间 $\mathcal{C}$,令 $\mathcal{U}$ 和 $\mathcal{V}$ 分别表示 2.2.1 小节定义的 $\boldsymbol{u}$ 和 $\boldsymbol{v}$ 坐标空间。设

$$\boldsymbol{\pi}_u(\boldsymbol{q}):\mathcal{Q}\rightarrow\mathcal{U}$$

表示从 $\boldsymbol{q}=(\boldsymbol{u},\boldsymbol{z})$ 到变量 $\boldsymbol{u}$ 的投影映射,即

$$\boldsymbol{\pi}_u(\boldsymbol{u},\boldsymbol{z})=\boldsymbol{u}$$

这样,根据前述结论,$\boldsymbol{\pi}_u|_{\mathcal{C}\setminus\mathcal{G}}$的临界点即为使矩阵

$$(\boldsymbol{\Phi},\boldsymbol{\pi}_u)_q=\left[\begin{array}{c:c}\boldsymbol{\Phi}_u & \boldsymbol{\Phi}_z\\ \hdashline \boldsymbol{I}_{n\times n} & \boldsymbol{0}\end{array}\right]$$

秩亏的 $\boldsymbol{q}$ 点,其中,$\boldsymbol{I}_{n\times n}$表示 $n\times n$ 的单位阵。可以看到,当 $\boldsymbol{\Phi}_z$秩亏时,$(\boldsymbol{\Phi},\boldsymbol{\pi}_u)_q$ 也是秩亏的,这说明输出奇异点即为上述临界点。同样,可以推导出类似的结论,即输入奇异点对应着投影映射$\boldsymbol{\pi}_v|_{\mathcal{C}\setminus\mathcal{G}}$的临界点,其中

$$\boldsymbol{\pi}_v(\boldsymbol{v},\boldsymbol{y})=\boldsymbol{v}$$

因此,奇异点可解释为从 $\mathcal{U}$ 和 $\mathcal{V}$ 空间"观察"C 空间得到的轮廓点。当 $\mathcal{Q}=\mathbb{R}^{n_q}$时,这很容易表示,此时,$\mathcal{C}$ 可视为$\mathbb{R}^{n_q}$的子集(图 2.7)。输入输出奇异点对应于使 $\mathcal{C}$ 在 $\mathcal{V}=\mathbb{R}^n$或 $\mathcal{U}=\mathbb{R}^n$ 上投影为维数小于 n 的线性空间的 $\boldsymbol{q}$ 点。

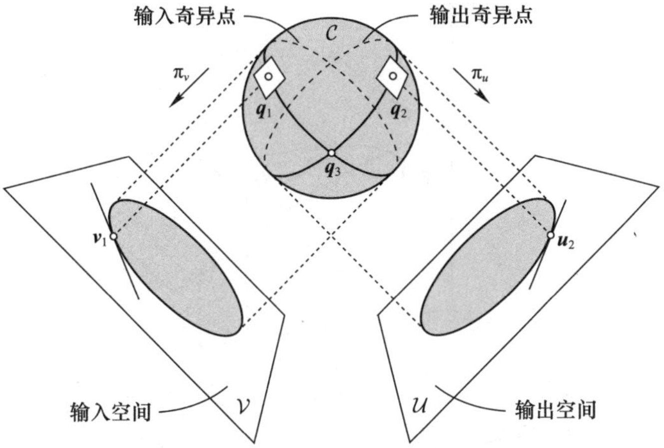

图2.7　当 $\mathcal{Q}=\mathbb{R}^3$、$\mathcal{C}$为球面、$\mathcal{U}$和 $\mathcal{V}$分别表示$\mathbb{R}^3$的两个平面时轮廓点即为输入、输出奇异点的示例(图中,$\boldsymbol{q}_1$和$\boldsymbol{q}_2$分别对应于输入和输出奇异点,$\boldsymbol{q}_3$同时为输入和输出奇异点,$\boldsymbol{v}_1$或$\boldsymbol{u}_2$处的可行速度矢量不能确定 $\mathcal{C}$ 中唯一的速度矢量)

这里指出,在输入奇异点处,由于可行的矢量 $\dot{\boldsymbol{v}}$ 不能确定唯一的矢量 $\dot{\boldsymbol{q}}$,会导致不可控的运动。相反,输出奇异点处,由于 $\dot{\boldsymbol{u}}$ 是独立于 $\dot{\boldsymbol{q}}$ 的,它被限制在更小维数的线性子空间内,会造成末端执行器灵巧性的损失。

显然,输入、输出奇异点决定了输入、输出工作空间(对于任意 $\boldsymbol{q}\in\mathcal{C}$ 的可行 $\boldsymbol{v}$、$\boldsymbol{u}$ 的集合)的边界。我们将在第 4 章中使用奇异点的一般概念来详细阐述这一点。利用这一概念,可以提供机构中任何相关坐标集工作空间计算的数值方法,特别是 $\boldsymbol{u}$ 和 $\boldsymbol{v}$。

2.2.4　机构运动路径的不确定性

隐函数定理为各种奇异点规避方法优势提供了进一步深入分析的方法[4]。根据该定理,首先可以发现,如果矩阵 $\boldsymbol{\Phi}_z$ 在 $\boldsymbol{q}_0=(\boldsymbol{u}_0,z_0)\in\mathcal{C}$ 处满秩,即可找到将 z 和 $\boldsymbol{u}$ 中其余参数关联起来的函数 $z=\boldsymbol{F}(\boldsymbol{u})$,满足 $\boldsymbol{\Phi}(\boldsymbol{u},\boldsymbol{F}(\boldsymbol{u}))=\mathbf{0}$(图2.8)。这样,变量 $\boldsymbol{u}$ 即可作为 $\mathcal{C}$ 在$\boldsymbol{q}_0$附近的局部参数,这意味着在$\boldsymbol{u}_0$邻域的任意值都可以找到相应的 z 值使 $\boldsymbol{\Phi}(\boldsymbol{u},z)=\mathbf{0}$ 成立。这一结论表明,局部意义上,通过点$\boldsymbol{u}_0$的光滑输出轨迹 $\boldsymbol{u}(t)\subset\mathcal{U}$对应于 $\mathcal{C}$ 中通过点$\boldsymbol{q}_0$的唯一光滑轨迹 $\boldsymbol{q}(t)$,换言之,对输出的跟踪足以预测机构的整体运动状态。类似地,当 $\boldsymbol{\Phi}_y$ 在$\boldsymbol{q}_0=(\boldsymbol{y}_0,\boldsymbol{v}_0)$处满秩时,通过点$\boldsymbol{v}_0$的光滑输入轨迹 $\boldsymbol{v}(t)$对应于 $\mathcal{C}$ 中的唯一光滑轨迹 $\boldsymbol{q}(t)$,因此,通过对输入的控制,机构的整体运动是可控的。

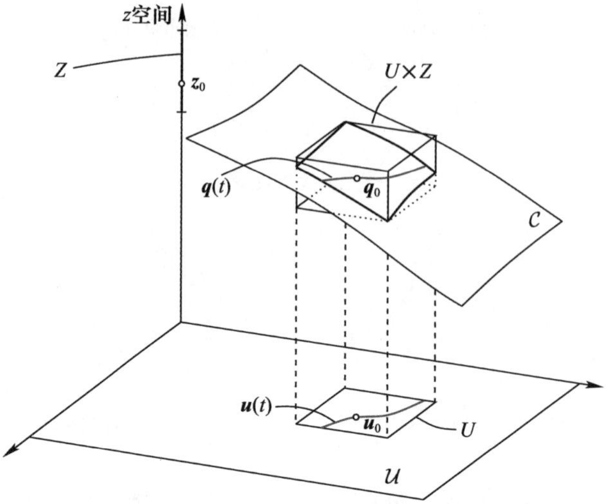

图 2.8　如果构型$\boldsymbol{q}_0=(\boldsymbol{u}_0,z_0)$不是逆运动学奇异点，则能够在$\boldsymbol{u}_0$附近的开集 U 到集合 $Z=F(U)$ 中找到函数 $z=\boldsymbol{F}(\boldsymbol{u})$，使得 $\boldsymbol{q}(\boldsymbol{u})=(\boldsymbol{u},\boldsymbol{F}(\boldsymbol{u}))$是在 $U\times Z$ 内集合 $\mathcal{C}$ 中的有效参数化

另外，上述输入与输出轨迹之间的一一对应关系在奇异构型处是不成立的，如图 2.9(a)所示。然而，由于隐函数定理仅给出了保证 $\boldsymbol{q}(t)$ 唯一且光滑的充分条件，所以，存在使 $\boldsymbol{\Phi}_y$ 或 $\boldsymbol{\Phi}_z$ 奇异但使 $\boldsymbol{v}(t)$ 或 $\boldsymbol{u}(t)$ 能够确定唯一光滑轨迹 $\boldsymbol{q}(t)$ 的构型。图 2.9(b)即为这种情况的示例。然而，这样的构型仍存在问题，即 $\dot{\boldsymbol{v}}$ 或 $\dot{\boldsymbol{u}}$ 不能确定唯一的 $\dot{\boldsymbol{q}}$ 。

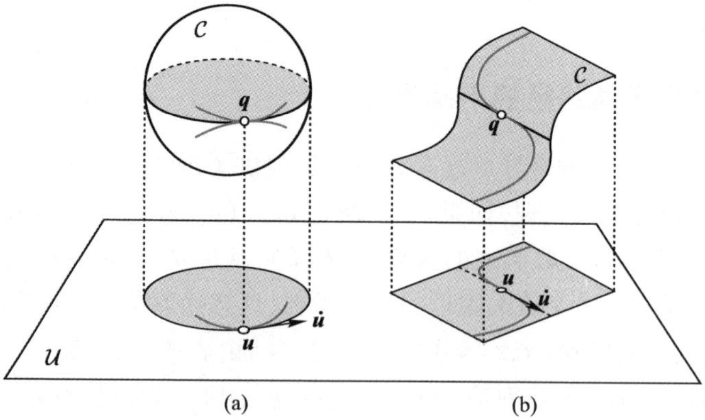

图 2.9　在 $\mathcal{U}$ 中通过输出奇异点 $\boldsymbol{u}$ 的路径可能在 $\mathcal{C}$ 中确定多个轨迹或一条光滑轨迹，但无论如何，由于 $\mathcal{T}_q\mathcal{C}$ 的特殊性，速度矢量 $\dot{\boldsymbol{u}}$ 总是对应于无穷多个速度 $\dot{\boldsymbol{q}}$

(a)多个轨迹；(b)一条光滑轨迹。

2.3 更底层的奇异点分类

我们已经知道,奇异构型是指机构的正瞬时或逆瞬时运动学问题变得不可解或不确定的构型。然而,根据引起不确定性的运动学原因,Zlatanov[1]给出了6种本质上不同的奇异点类型,分别为冗余输入(RI)奇异点、冗余输出(RO)奇异点、无解输入(II)奇异点、无解输出(IO)奇异点、冗余被动运动(RPM)奇异点和瞬时运动能力增加(IIM)奇异点。

当机构处于RO型或IO型奇异位置时,输出速度是不确定或受限的。相反,在RI或Ⅱ型奇异构型处,输入速度是不确定或受限的。在RPM型奇异点处,机构的被动速度是不确定的,这可能会造成与其他连杆或障碍物的干涉等问题。最后,在IIM型奇异点处,机构的瞬时运动是不确定的,与使用哪n个输入参数来控制运动无关。

因此,我们希望确定出给定的构型是否属于上述6种类型中的一种,或者计算特定类型奇异点对应的所有可能构型。为此,对每一种奇异点类型,首先回顾文献[1]中基于速度方程式(2.2)对各种类型奇异点的定义,然后推导出描述该类构型的方程组。从定义中可以清楚地看出,RO和Ⅱ型奇异点为正运动学奇异点,RI型和IO型奇异点为逆运动学奇异点。RPM型奇异点位于正、逆正运动学奇异点的交集处,而IIM型奇异点则为C空间奇异点(图2.5)。

如前面所述,$\boldsymbol{L}_y$和$\boldsymbol{L}_z$分别为$\boldsymbol{L}$中去掉输入和输出分量的子矩阵。也可以利用$\boldsymbol{L}_p$表示同时移除输入和输出速度分量的子矩阵,即$\boldsymbol{L}=[\boldsymbol{L}_u \quad \boldsymbol{L}_v \quad \boldsymbol{L}_p]$。下面将使用这些定义,以及图2.10中的3滑块机构和4杆机构来说明可能遇到的不同奇异点类型。若非另有说明,图中每种机构都只有一个自由度,对于3滑块机构,输入和输出速度分别是点A和B处的v_A和v_B,对于4杆机构,输入和输出速度分别是连杆AB和DC的角速度,即ω_A和ω_D。

1. 冗余输入奇异点(RI)

如果存在输入速度矢量$\boldsymbol{m}_v\neq\boldsymbol{0}$和一个矢量$\boldsymbol{m}_p$满足使$\boldsymbol{m}_u=\boldsymbol{0}$成立的速度方程式(2.2),则该构型为RI型奇异点,即RI型奇异点满足,

$$\boldsymbol{L}_z\begin{bmatrix}\boldsymbol{m}_v\\ \boldsymbol{m}_p\end{bmatrix}=\boldsymbol{0}$$

式中:$\boldsymbol{m}_v\neq\boldsymbol{0}$。由于只要存在$\boldsymbol{m}_v\neq\boldsymbol{0}$的单位矢量,上述速度矢量即存在,因此,当且仅当方程组

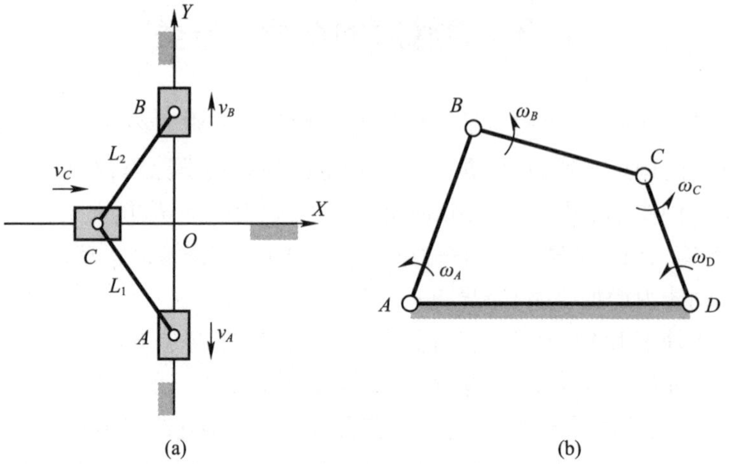

图 2.10　3 滑块机构和 4 杆机构

(a)3 滑块 1 自由度机构(A 和 B 处的移动关节在一条直线上,且垂直于 C 处关节移动方向);
(b)4 连杆机构(这里角速度指相对角速度,如ω_B是连杆 BC 相对于连杆 AB 的角速度)。

$$\begin{cases}\boldsymbol{\Phi}(\boldsymbol{q})=\boldsymbol{0}\\ \boldsymbol{L}_z\boldsymbol{\xi}=\boldsymbol{0}\\ \|\boldsymbol{\xi}\|^2=1\end{cases}\tag{2.12}$$

关于$\boldsymbol{\xi}=(\boldsymbol{m}_v,\boldsymbol{m}_p)$,$\boldsymbol{m}_v\neq\boldsymbol{0}$,成立时,构型 $\boldsymbol{q}$ 为 RI 型奇异点。

表 2.1 中左上格提供了两个这种奇异点类型的示例。在表 2.1 中左上格上部的构型处,无论瞬时输入速度v_A 的值为多少,C 点的速度一定为零,此时 B 点无法运动。同样,在表 2.1 中左上格下部的构型处,由于无论瞬时输入速度 ω_A 为多少,C 点速度一定为零,输出连杆 DC 也无法运动。

2. 冗余输出奇异点(RO)

如果存在输出速度矢量$\boldsymbol{m}_u\neq\boldsymbol{0}$ 和一个矢量$\boldsymbol{m}_p$ 满足使$\boldsymbol{m}_v=\boldsymbol{0}$ 成立的速度方程,则该构型为 RO 型奇异点,即 RO 型奇异满足

$$\boldsymbol{L}_y\begin{bmatrix}\boldsymbol{m}_u\\ \boldsymbol{m}_p\end{bmatrix}=\boldsymbol{0}$$

式中:$\boldsymbol{m}_u\neq\boldsymbol{0}$。与前述结论类似,当且仅当方程组

$$\begin{cases}\boldsymbol{\Phi}(\boldsymbol{q})=\boldsymbol{0}\\ \boldsymbol{L}_y\boldsymbol{\xi}=\boldsymbol{0}\\ \|\boldsymbol{\xi}\|^2=1\end{cases}\tag{2.13}$$

关于 $\boldsymbol{\xi}=(\boldsymbol{m}_u,\boldsymbol{m}_p)$，$\boldsymbol{m}_u\neq\boldsymbol{0}$，成立时，构型 $\boldsymbol{q}$ 为 RO 型奇异点。

表2.1中第二列中的3滑块机构和4杆机构表示了RO型奇异点。对于前者，无论瞬时输出速度 v_B 是何值，点 A 速度均为零。对于后者具有类似结论，即无论瞬时输出速度 $\boldsymbol{\omega}_D$ 为何值，输入连杆 AB 均处于锁定状态。

表2.1　6各种奇异点类型(以3滑块和4杆机构为例说明)

<table>
<tr><th>RI,IO</th><th>RO,Ⅱ</th></tr>
<tr><td>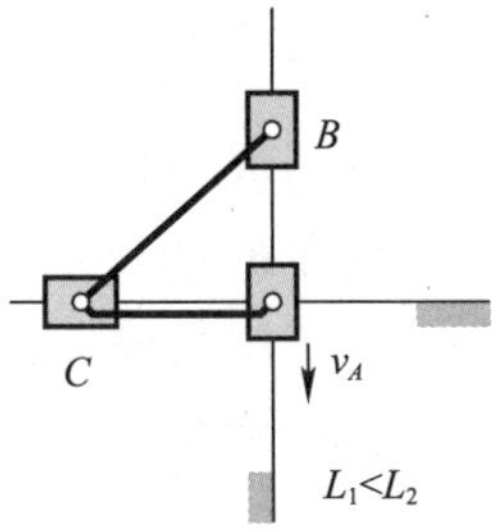</td><td>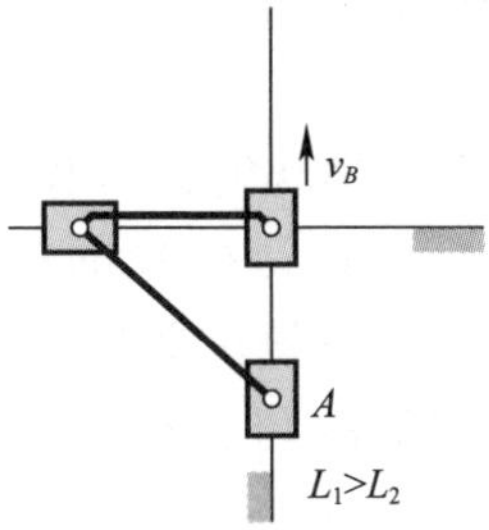</td></tr>
<tr><td>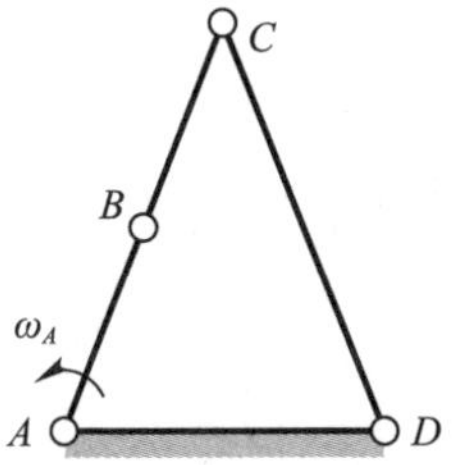</td><td>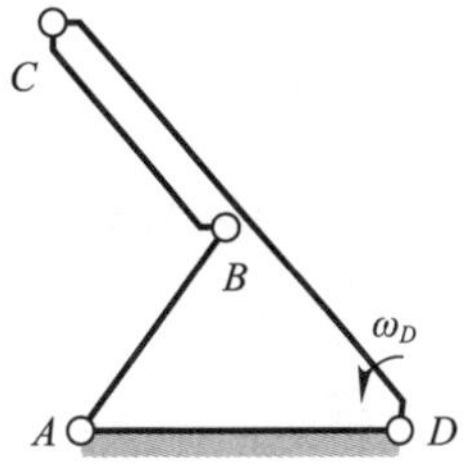</td></tr>
<tr><th>RPM</th><th>IIM</th></tr>
<tr><td>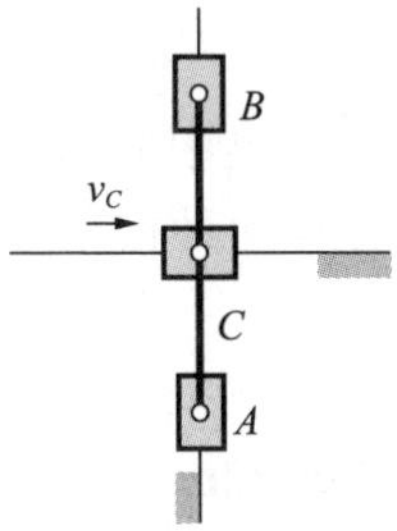</td><td>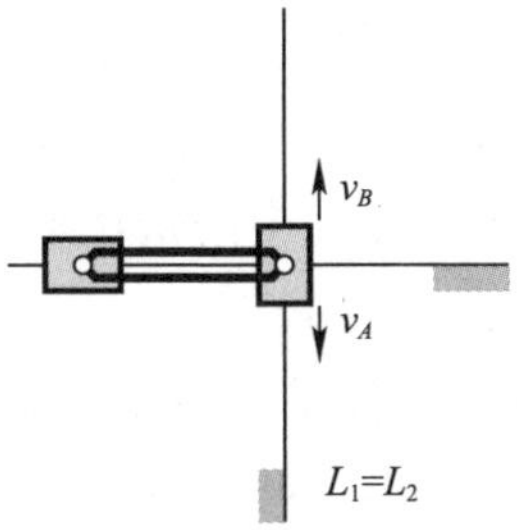</td></tr>
<tr><td>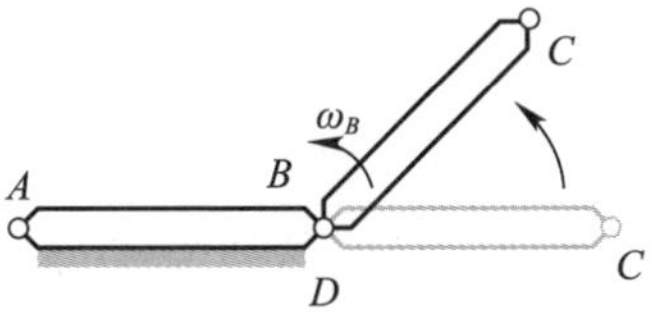</td><td>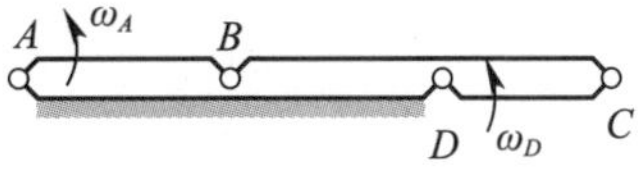</td></tr>
</table>

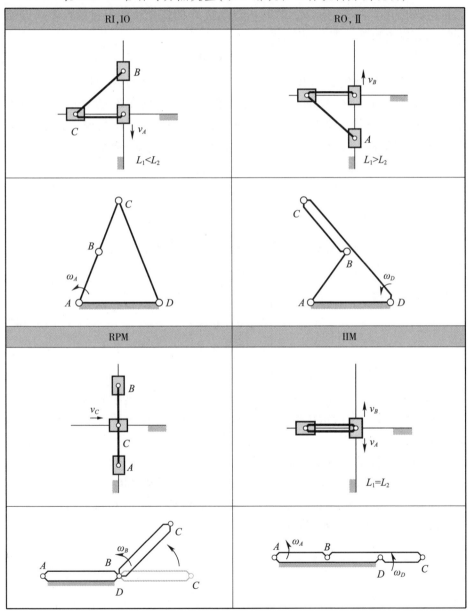

3. 无解输出奇异点(IO)

若输出速度空间中存在矢量$\boldsymbol{m}_u \neq \boldsymbol{0}$使得对于任意$\boldsymbol{m}_u$和$\boldsymbol{m}_p$的组合均无法满足速度方程,则该构型为IO型奇异点。换言之,这意味着存在非零矢量$(\boldsymbol{m}_u,\boldsymbol{0},\boldsymbol{0})$,且该矢量不能由属于$\boldsymbol{L}$核的任何矢量$(\boldsymbol{m}_u,\boldsymbol{m}_v,\boldsymbol{m}_p)$的投影获得。

为导出该类型奇异点满足的方程组,令$\boldsymbol{B}=[\boldsymbol{b}_1,\cdots,\boldsymbol{b}_r]$为矩阵$\boldsymbol{L}$核的基底矢量构成的矩阵,那么,使$(\boldsymbol{m}_u,\boldsymbol{0},\boldsymbol{0})$可以通过$\boldsymbol{L}$的核中一些矢量的投影获得的矢量$\boldsymbol{m}_u$在以下矩阵的列空间中,即

$$\boldsymbol{A}=[\boldsymbol{I}_{n\times n}\boldsymbol{0}]\boldsymbol{B}$$

因此,在上述映射非满射,即矩阵$\boldsymbol{A}$秩亏时,该构型为IO型奇异点。在这种情况下,可以看到在$\boldsymbol{A}^{\mathrm{T}}$的核中存在非零矢量$\boldsymbol{m}_u^*$,故在$\boldsymbol{B}^{\mathrm{T}}$的核中存在矢量$(\boldsymbol{m}_u^*,\boldsymbol{0},\boldsymbol{0})$。该矢量正交于所有$\boldsymbol{b}_1,\cdots,\boldsymbol{b}_r$,所以它一定属于$\boldsymbol{L}^{\mathrm{T}}$的像。总之,该构型处,对某矢量$\boldsymbol{\zeta}$(可选取单位矢量),必然存在非零矢量$\boldsymbol{m}_u^*$满足

$$\boldsymbol{L}^{\mathrm{T}}\boldsymbol{\zeta}=\begin{bmatrix}\boldsymbol{m}_u^*\\ \boldsymbol{0}\\ \boldsymbol{0}\end{bmatrix}$$

由此,当且仅当构型$\boldsymbol{q}$满足式(2.14)时,该构型属于IO型奇异点,即

$$\begin{cases}\boldsymbol{\Phi}(\boldsymbol{q})=\boldsymbol{0}\\ \boldsymbol{L}^{\mathrm{T}}\boldsymbol{\zeta}=\begin{bmatrix}\boldsymbol{m}_u^*\\ \boldsymbol{0}\\ \boldsymbol{0}\end{bmatrix}\\ \|\boldsymbol{\zeta}\|^2=1\end{cases}\tag{2.14}$$

式中:$\boldsymbol{m}_u^* \neq \boldsymbol{0}$。该方程组的所有解,对应的值$\boldsymbol{m}_u^*$即为该构型中的不可行输出。

表2.1第一列中所示构型同样是IO型奇异点,在这两种构型中,任何非零输出都是不可能的。

4. 无解输入(II)奇异点

若输入速度空间中存在矢量$\boldsymbol{m}_v \neq \boldsymbol{0}$使得对于任意$\boldsymbol{m}_u$和$\boldsymbol{m}_p$的组合均无法满足速度方程,则该构型为II型奇异点。换言之,对某矢量$\boldsymbol{\zeta}$(可选取单位矢量),当且仅当存在非零矢量$\boldsymbol{m}_v^*$满足

$$\boldsymbol{L}^{\mathrm{T}}\boldsymbol{\zeta}=\begin{bmatrix}\boldsymbol{0}\\ \boldsymbol{m}_v^*\\ \boldsymbol{0}\end{bmatrix}$$

时，该构型为Ⅱ型奇异点。因此，若构型 $\boldsymbol{q}$ 满足

$$\begin{cases}\boldsymbol{\Phi}(\boldsymbol{q})=\boldsymbol{0}\\ \boldsymbol{L}^{\mathrm{T}}\boldsymbol{\zeta}=\begin{bmatrix}\boldsymbol{0}\\ \boldsymbol{m}_v^*\\ \boldsymbol{0}\end{bmatrix}\\ \|\boldsymbol{\zeta}\|^2=1\end{cases}\tag{2.15}$$

式中：$\boldsymbol{m}_v\neq\boldsymbol{0}$，则为Ⅱ型奇异点。

表2.1第二列中的3滑块和4杆机构同时也是Ⅱ型奇异点，因为在这些构型中任何非零输入都是不可能的。

5. 冗余被动运动（RPM）奇异点

如果存在被动速度矢量 $\boldsymbol{m}_p\neq\boldsymbol{0}$ 满足速度方程 $\boldsymbol{m}_v=\boldsymbol{0}$ 和 $\boldsymbol{m}_u=\boldsymbol{0}$，则该构型为RPM型奇异点，即

$$\boldsymbol{L}_p\boldsymbol{m}_p=\boldsymbol{0}$$

式中：$\boldsymbol{m}_p\neq\boldsymbol{0}$。这在 $\boldsymbol{L}_p$ 的核是非平凡的时候即会发生，这样可用方程组式(2.16)说明所有RPM型奇异点，即

$$\begin{cases}\boldsymbol{\Phi}(\boldsymbol{q})=\boldsymbol{0}\\ \boldsymbol{L}_p\boldsymbol{\xi}=\boldsymbol{0}\\ \|\boldsymbol{\xi}\|^2=1\end{cases}\tag{2.16}$$

表2.1第一列所示的两个构型即为此类奇异点。在3滑块机构中，当输入点 A 和输出点 B 的速度为零时，点 C 的速度可能非零。表2.1所示的风筝形4杆机构可能发生坍塌，即所有关节在同一条直线上，且关节 B 与 D 是重合的。此时，如果输入核输出速度分别为关节 A 和 C 的角速度 ω_A 和 ω_C，则该机构可以在输入和输出关节保持零速度情况下，从灰色显示的构型处开始移动，只有在被动关节 B 和 D 处存在非零速度。因此，这两种机构均为RPM型奇异点。

6. 瞬时运动能力增加（IIM）奇异点

矩阵 $\boldsymbol{L}$ 秩亏对应的构型为IIM型奇异点。实际上，这种奇异构型的瞬时运动能力大于自由度的数目。该定义直接表明，当且仅当对于某些 $\boldsymbol{\xi}$ 满足方程组(2.17)时，构型 $\boldsymbol{q}$ 为IIM奇异点。

$$\begin{cases}\boldsymbol{\Phi}(\boldsymbol{q})=\boldsymbol{0}\\ \boldsymbol{L}^{\mathrm{T}}\boldsymbol{\xi}=\boldsymbol{0}\\ \|\boldsymbol{\xi}\|^2=1\end{cases}\tag{2.17}$$

这与 C 空间奇异点是对应的,对于这些奇异点,无论在给定速度变量中如何选择输入或输出速度,正、逆瞬时运动学问题都是不确定的。

表 2.1 第二列底部 3 滑块和 4 杆机构,在所示构型处的运动能力从 1 增加到 2,因此这些构型为 IIM 型奇异点。

2.4 包含所有类型奇异点的简单机构

为举例说明如何使用前述方程获得各种类型奇异点构型,考虑图 2.10 中的 3 滑块机构。记图中点 $P=A$、B 或 C 在坐标系 OXY 中的坐标为 (x_p,y_p),记连杆长度为 L_1 和 L_2。显然,鉴于任意构型都有 $x_A=x_B=y_C=0$,可以用元组 $\boldsymbol{q}=(y_A,y_B,x_C)$ 来描述该机构的构型。由于 A 到 B 和 B 到 C 的距离必须等于 L_1 和 L_2,式(2.1)即为

$$\begin{cases} y_A^2+x_C^2=L_1^2 \\ y_B^2+x_C^2=L_2^2 \end{cases} \tag{2.18}$$

从式(2.18)中可以看出 C 空间对应于 (y_A,y_B,y_C) 空间内两个柱面的交线。

至此,虽然式(2.2)中的速度方程可由旋转和直线关节旋量获得,这里可以通过将式(2.18)对时间求微分推导更加紧凑的速度方程表达式。记 v_A 和 v_B 分别为输入和输出速度,求微分可得

$$\boldsymbol{L}\cdot\boldsymbol{m}=\begin{bmatrix} 0 & 2y_A & 2x_C \\ 2y_B & 0 & 2x_C \end{bmatrix}\cdot\begin{bmatrix} v_B \\ v_A \\ v_C \end{bmatrix}=\boldsymbol{0}$$

由此可得

$$\boldsymbol{L}_y=\begin{bmatrix} 0 & 2x_C \\ 2y_B & 2x_C \end{bmatrix}$$

$$\boldsymbol{L}_z=\begin{bmatrix} 2y_A & 2x_C \\ 0 & 2x_C \end{bmatrix}$$

$$\boldsymbol{L}_p=\begin{bmatrix} 2x_C \\ 2x_C \end{bmatrix}$$

这样即可定义式(2.7)、式(2.8)、式(2.12)~式(2.17)中的任一方程组。

在这种情况下,这些方程组可得到解析解。例如,如果 $L_1=L_2=1$,C 空间包

括两个椭圆在 x_C 轴处相角产生的单连通分量(图 2.11(a)),方程组式(2.7)和式(2.8)的解显示奇异集包含 6 个独立构型,如图 2.11(a)底部红点位置所示,它们对应的 $\boldsymbol{q}$ 值为

$$(0,0,1),(0,0,-1),$$
$$(1,1,0),(1,-1,0),$$
$$(-1,-1,0),(-1,1,0)$$

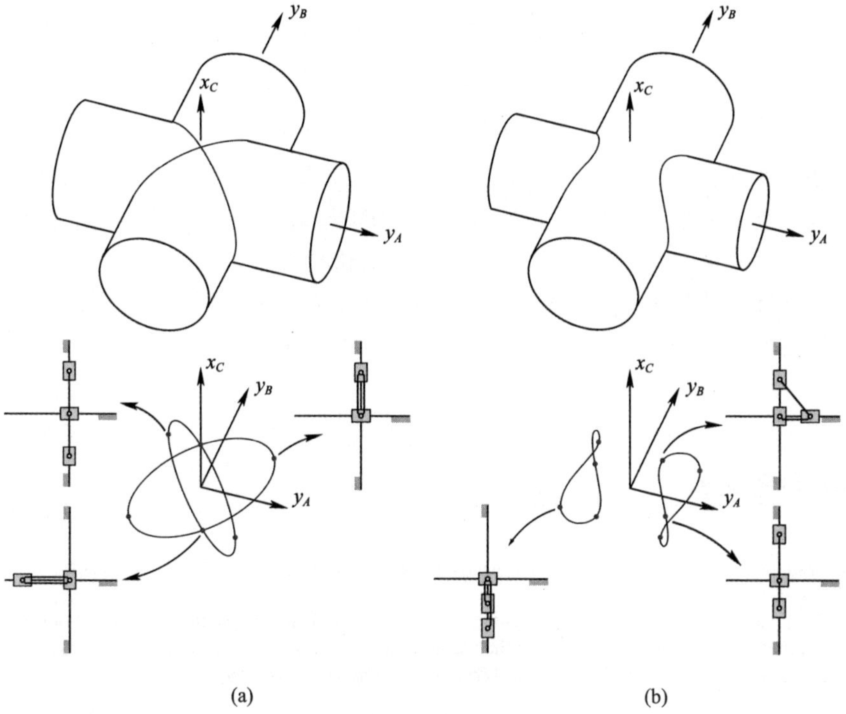

图 2.11　$L_1=L_2$ 和 $L_1>L_2$ 时 3 滑块机构的 C 空间(蓝线)和奇异点(红点)以及一些奇异构型的示例(在本机构中,C 空间对应于两个直角圆柱体的交线)
(a)$L_1=L_2$;(b)$L_1>L_2$。

所有这些构型都同时满足这两个方程组,所以它们同时是正运动学奇异点和逆运动学奇异点。此时,正/逆瞬时运动学问题都是不确定的,因此,输入和输出速度的控制不能确定机构的整体运动形式。

此外,$x_C=0$ 的 4 种构型满足方程组式(2.14)至式(2.16),意味着它们是 IO、II 及 RPM 型奇异点。其他两个在 x_C 轴上的奇异点构型,满足方程组式(2.12)和式(2.13)及式(2.17),因此属于 RI、RO 及 IIM 型奇异点。这两类

构型实际上为 C 空间奇异点。在这种构型处，C 空间自交于这些点，并产生分叉，允许该机构改变其工作模式，由两滑块沿水平轴的同方向运动（$y_A y_B \geqslant 0$），变成分别沿不同方向运动（$y_A y_B \leqslant 0$）。

当$L_1 \neq L_2$时，C 空间的拓扑结构发生了变化，因为 C 空间不再出现任何分岔，而是由两个光滑连通的分量组成（图 2.11(b)）。例如，当$L_1=1$、$L_2=0.8$时，通过求解方程组式(2.7)和式(2.8)，可得 8 个奇异点分别为

$$(1,0.8,0),(-1,-0.8,0),$$
$$(-1,0.8,0),(0.6,0,-0.8),$$
$$(1,-0.8,0),(-0.6,0,0.8),$$
$$(0.6,0,0.8),(-0.6,0,-0.8)$$

如前所述，$x_C=0$ 对应的奇异点构型为 IO、II 及 RPM 型奇异点，但其他 4 个奇异构型为 RO 和 II 型奇异点，没有 RI 和 IIM 型奇异点。这种情况下，为将机构的工作模式从$y_A \geqslant 0$ 改变为$y_A \leqslant 0$，就必须对机构重新装配。

必须注意的是，如果试图通过输入输出速度方程来识别奇异点，如通过利用对所有构型都适用的方程$y_A v_A = y_B v_B$，则 $x_C=0$ 对应的奇异点不可识别。

参考文献

1. D. Zlatanov, Generalized Singularity Analysis of Mechanisms. PhD thesis, University of Toronto, 1998
2. O. Bohigas, M. Manubens, L. Ros, Singularities of non-redundant manipulators: a short account and a method for their computation in the planar case. Mech. Mach. Theory **68**, 1–17 (2013)
3. J.G. De Jalón, E. Bayo, *Kinematic and Dynamic Simulation of Multibody Systems* (Springer, 1993)
4. S.G. Krantz, H.R. Parks, *The Implicit Function Theorem: History, Theory and Applications* (Birkhäuser, 2002)
5. C.M. Gosselin, J. Angeles, Singularity analysis of closed-loop kinematic chains. IEEE Trans. Robot. Autom. **6**(3), 281–290 (1990)
6. O. Ma, J. Angeles, Architecture singularities of parallel manipulators. Int. J. Robot. Autom. **7**(1), 23–29 (1992)
7. V. Guillemin, A. Pollack, *Differential Topology* (American Mathematical Society, 2010)
8. M. Golubitsky, V. Guillemin, *Stable Mappings and Their Singularities* (Springer, 1973)
9. J. Canny, *The Complexity of Robot Motion Planning* (The MIT Press, Cambridge, 1988)
10. Companion web page of this book. http://www.iri.upc.edu/srm. Accessed 16 Jun 2016
11. I.A. Bonev, Geometric Analysis of Parallel Mechanisms. PhD thesis, Faculté des Sciences et de Génie, Université de Laval, 2002

第3章 奇异点集的数值计算

本章介绍一种搜寻第 2 章中所定义各种类型奇异点集的计算方法。该方法非常通用,适用于任何具有低副关节的非冗余机构。用这一方法可以在期望的精度内获得完整的奇异点集,并独立计算每个奇异子集。

在证明该方法(3.1 节)之后,我们提供了一种表述方程组式(2.7)、式(2.8)、式(2.12) ~ 式(2.17)的一般方法,然后提出了一种能求解任意此类方程组的数值方法(3.3 节)。由于奇异点集合通常嵌入在高维空间中,因此无法直接可视化,但我们随后给出了以方便机器人设计师的该集合的投射方法(3.4 节)。最后,本章通过对几个机器人机构的分析证明了该方法的性能和奇异点集的复杂性(3.5 节)。

3.1 一种通用方法

完整求解类似于式(2.7)、式(2.8)、式(2.12) ~ 式(2.17)的非线性方程组通常需要采用代数形式表述这些方程,从而利用适合的符号或数值方法求解多项式方程组。不幸的是,将方程的代数化和求解视为两个独立问题的算法并不一定能有效解决原问题。我们的目标是找到代数化和求解的良好结合,使整个过程变得容易理解和实现,在实践中获得更高的计算效率。

常见的多项式方程求根方法可分为代数 - 几何法、延拓法和分支修剪法。对第一类方法而言,最常见的策略是使用消去法将方程简化为一个最小的多项式集合,这样一旦求出最小多项式集合的解,代回原方程,即可获得原问题的所有解[1-2]。延拓法则是从一个具有已知解的初始方程组开始,逐步转化为求解的方程组,并在转化过程中跟踪解的变化路径[3-6]。而分支修剪方法则通过排除法来求解方程组。这种方法首先划定包围解的框盒,然后利用宽松后的方程组迭代删除框盒中不可能包含解的部分,这样框盒即被平分,迭代这一过程,直至得到足够精确的近似解集[7-9]。

在这种情况下,为了选择合适的方法,必须注意到奇异点集 $\mathcal{S}$ 的结构是非常普适的。一般来说,$\mathcal{S}$ 对于 $\mathcal{C}$ 空间的余维数是 1,所以可能要处理维数为 0、1、2 甚至更高的奇异点集。代数几何法和延拓法非常通用,但这两种方法主要适用于求解孤立的或其解至多为一维的方程组。虽然延拓法推广到了多维解的方程组求解中(见文献[6],部分Ⅲ),但它们通常并不能直接提供所有解的显式表达式。此外,当只需要求解实数解时(奇异点集合求解即为实数解),此两种方法作用在复数域会增加额外的计算负担[10]。高维延拓技术在原理上是合适的,但必须为 $\mathcal{S}$ 的每个连通分量提供一个初始解,且该方法对于 $\mathcal{S}$ 最终可能出现的许多非光滑性仍然不具有较强鲁棒性[11]。值得注意的是,即使 $\mathcal{C}$ 是光滑的且只包含一个连通分量,$\mathcal{S}$ 也有可能出现包含多个连通分量、分岔甚至维度变化等现象(图 3.1)。相比之下,分支修剪方法可以单独处理任意维度和连通分量数量的实解集,而且这类方法对规律性故障具有鲁棒性,因此非常适合我们要求解的问题。故在本章和下一章中选用分支修剪法。

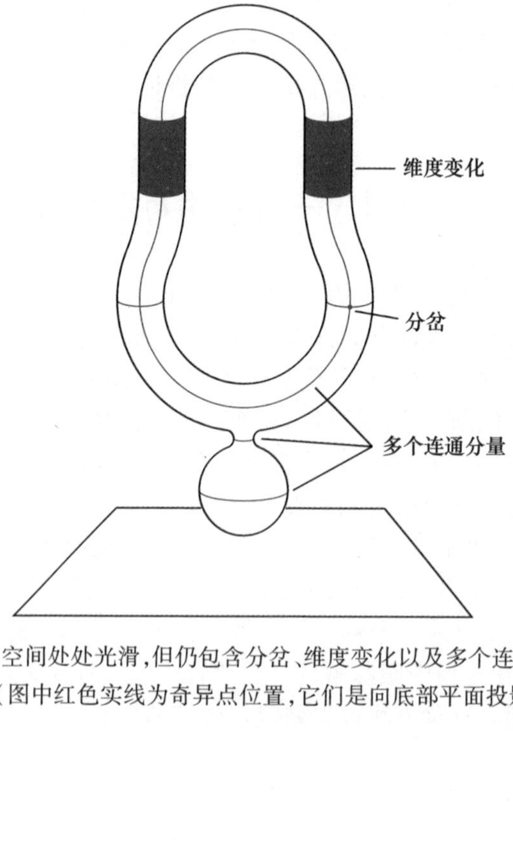

图 3.1 尽管 $\mathcal{C}$ 空间处处光滑,但仍包含分岔、维度变化以及多个连通分量的代数簇的奇异点集(图中红色实线为奇异点位置,它们是向底部平面投影的临界点)

关于公式，注意到式中所有方程组的结构都很类似：第一行均为式(2.1)，这是由于所有的奇异点都必须为机构的可行构型；第二行总是包含 $\boldsymbol{L}$ 或者它的子矩阵；第三行限制了某个矢量的模。因此，主要问题是如何用一般的方法建立运动副约束和速度方程。接下来将介绍通过选择一种特定的构型坐标使这些方程产生一种概念上简单的分支修剪法，以求解式(2.7)、式(2.8)、式(2.12)～式(2.17)中的任意一个方程组。该公式与多体动力学中参考点坐标的公式[9,12]类似，与其他利用关节相对位移偏差闭环约束的公式[12]或从点到点距离出发的公式[13]相比，该公式产生的多项式更简单且需要的操作步骤更少。

3.2 奇异点集方程构建

3.2.1 运动副约束

对于式(2.1)，假设机构具有 n_b 个连杆和 n_j 个关节，分别记为 $L_1,\cdots,L_{n_b}$ 和 $J_1,\cdots,J_{n_j}$，其中 L_1 为机架。进而在每个连杆上建立一个局部坐标系 $\mathcal{F}_i$，使其为绝对坐标系。用 $\boldsymbol{a}^{\mathcal{F}_j}$ 表示矢量 $\boldsymbol{a}\in\mathbb{R}^3$ 的分量是以 $\mathcal{F}_j$ 为基底测量的，且若无特别说明，无上标的矢量表示其分量是以 $\mathcal{F}_1$ 为基底测量的。这样，机构中每个连杆的位姿可由 $(\boldsymbol{r}_j,\boldsymbol{R}_j)$ 确定，其中 $\boldsymbol{r}_j\in\mathbb{R}^3$ 表示 $\mathcal{F}_j$ 的原点在 $\mathcal{F}_1$ 中的位置矢量，$\boldsymbol{R}_j\in SO(3)$ 为表示 $\mathcal{F}_j$ 方向相对于 $\mathcal{F}_1$ 方向的 3×3 维旋转矩阵。注意，连杆的位姿不能是任意的，因为它们必须满足关节所施加的运动副约束。接下来，给出转动关节、移动关节、万向节和球关节所提供的约束，因为这些关节类型是在大多数机构中常出现的。其他低副关节的约束可通过文献[9]中的方法推广而来。

若 J_i 是连接连杆 L_j 和 L_k 的旋转关节，设关节轴上的一点 P_i，以及该轴的单位方向矢量 $\boldsymbol{d}_i$。那么，该关节的运动副约束可以写成

$$\boldsymbol{r}_j+\boldsymbol{R}_j\boldsymbol{p}_i^{\mathcal{F}_j}=\boldsymbol{r}_k+\boldsymbol{R}_k\boldsymbol{p}_i^{\mathcal{F}_k} \tag{3.1}$$

$$\boldsymbol{R}_j\boldsymbol{d}_i^{\mathcal{F}_j}=\boldsymbol{R}_k\boldsymbol{d}_i^{\mathcal{F}_k} \tag{3.2}$$

式中：$\boldsymbol{p}_i$ 为 P_i 的位置矢量。第一个方程的目的在于迫使从 $\mathcal{F}_j$ 中和 $\mathcal{F}_k$ 中观察到的连杆节点 P_i 是重合的。第二个方程的目的在于使矢量 $\boldsymbol{d}_i$ 的方向一致(图3.2(a))。

如果 J_i 是移动副，设平行于移动方向的直线上的两个不同的点 P_i 和 Q_i，以及指向相同方向的单位矢量 $\boldsymbol{d}_i$。在这种情况下，运动副约束等价于强制 Q_i 位于 P_i 和 $\boldsymbol{d}_i$ 定义的直线 L_j 上，同时保持 L_j 和 L_k 间的夹角固定一个恒定的偏移量(图3.2(b))。这些条件等价于

$$\boldsymbol{r}_j+\boldsymbol{R}_j\boldsymbol{p}_i^{\mathcal{F}_j}+d_i\boldsymbol{R}_j\boldsymbol{d}_i^{\mathcal{F}_j}=\boldsymbol{r}_k+\boldsymbol{R}_k\boldsymbol{q}_i^{\mathcal{F}_k} \tag{3.3}$$

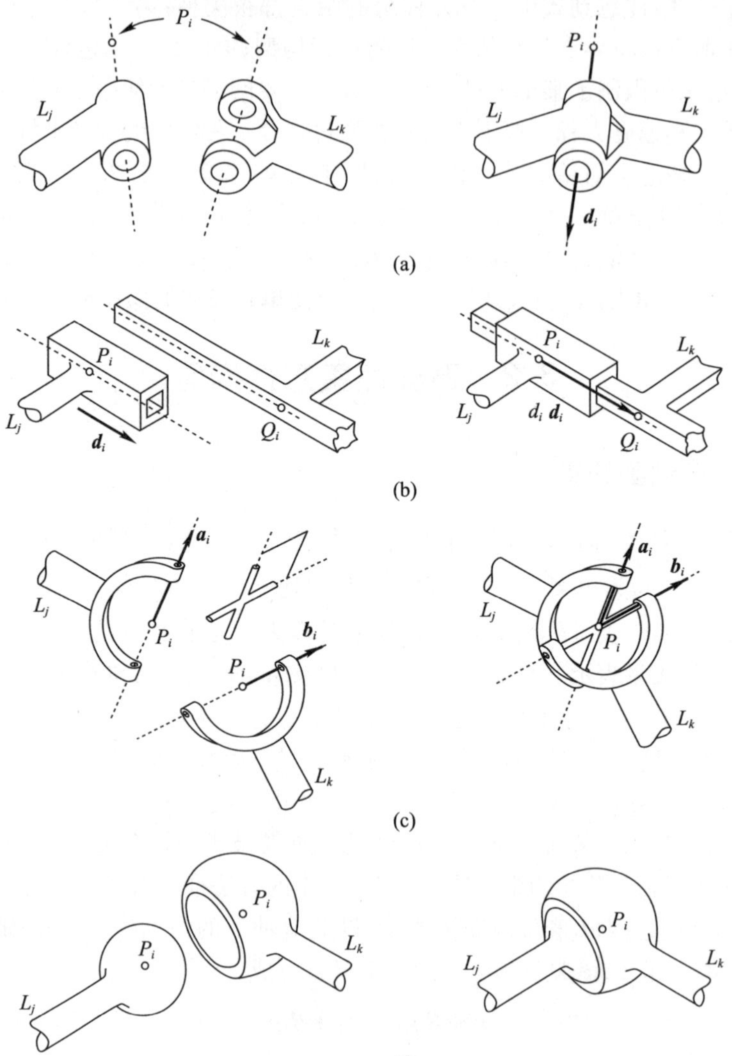

图 3.2　旋转副、移动副、万向节和球副的几何组件

$$\boldsymbol{R}_j = \boldsymbol{R}_{jk} \cdot \boldsymbol{R}_k \tag{3.4}$$

式中：d_i为关节的线性位移；$\boldsymbol{R}_{jk}$为表示连杆L_j和L_k之间夹角的恒定旋转矩阵。

如果J_i是万向节，则关节中心点P_i必须重合，定义万向节两旋转轴的单位矢量$\boldsymbol{a}_i$和$\boldsymbol{b}_i$必须正交（图 3.2(c)），即

$$\boldsymbol{r}_j + \boldsymbol{R}_j \boldsymbol{p}_i^{\mathcal{F}_j} = \boldsymbol{r}_k + \boldsymbol{R}_k \boldsymbol{p}_i^{\mathcal{F}_k} \tag{3.5}$$

$$\boldsymbol{R}_j\boldsymbol{a}_i^{\mathcal{F}j} \cdot \boldsymbol{R}_k\boldsymbol{b}_i^{\mathcal{F}k} = 0 \tag{3.6}$$

若J_i是球副,则各连杆的中心点P_i必须重合,而L_k可以相对于L_j自由旋转(图3.2(d))。因此,两连杆姿态需满足

$$\boldsymbol{r}_j + \boldsymbol{R}_j\boldsymbol{p}_i^{\mathcal{F}j} = \boldsymbol{r}_k + \boldsymbol{R}_k\boldsymbol{p}_i^{\mathcal{F}k} \tag{3.7}$$

由于$\boldsymbol{p}_i$、$\boldsymbol{q}_i$和$\boldsymbol{d}_i$在相应的局部坐标系中的坐标是已知的,所以在上述方程中出现的唯一未知量是连杆的位姿和移动关节的位移。旋转矩阵的分量虽然未知,但并不是独立的,因为如果$\boldsymbol{R}_j = [\boldsymbol{s}_j, \boldsymbol{t}_j, \boldsymbol{w}_j]$,那么由于它是旋转矩阵,则一定满足

$$\|\boldsymbol{s}_j\|^2 = 1 \tag{3.8}$$

$$\|\boldsymbol{t}_j\|^2 = 1 \tag{3.9}$$

$$\boldsymbol{s}_j \cdot \boldsymbol{t}_j = 0 \tag{3.10}$$

$$\boldsymbol{s}_j \times \boldsymbol{t}_j = \boldsymbol{w}_j \tag{3.11}$$

因此,式(2.1)是由机构所有关节和连杆所对应方程式(3.1)~式(3.11)构成的方程组。$\boldsymbol{q}$是包含所有连杆变量$\boldsymbol{r}_j$和$\boldsymbol{R}_j$以及所有移动关节变量d_i的元组。由于L_1是机架,所以$\boldsymbol{r}_1 = \boldsymbol{0}$,且$\boldsymbol{R}_1$为单位矩阵。

这里得到的方程组可能包含比需要的更多的方程。例如,式(3.2)引入了轻微的冗余,由于$\boldsymbol{d}_i$的长度是已知的,在某些情况下,建立式(3.2)中的x和y两个分量就足够了。显然,一般情况下,3个分量是必要的,但这并不会带来更多麻烦,因为后面3.3节的方法可以处理过约束的系统。

3.2.2 速度方程

有时输入和输出坐标会直接出现在运动副约束中,或者可以很容易地导出,如平面机构[14]中那样。在这些情况下,可通过对2.2节所提到的式(2.1)求微分得到式(2.2),但通常情况下利用旋量理论来表达式(2.2)要更为简单[15-16]。因此,为了其普适性,将利用扭环方程来表达式(2.2)。

已知,对于两个连杆之间的关节J_i,一个连杆相对于另一个连杆的速度由一个六维单位旋量的线性组合表示[15-17]。表3.1提供了这些旋量的形式以及每个关节的上述线性组合(在轴坐标中)。如表3.1所列,转动关节和移动关节只涉及一个单位旋量,其在线性组合中乘以关节速度ω_i。相反,万向节和球关节相当于两个和3个转动关节的组合,它们分别涉及两个和3个运动旋量的线性组合,分别乘以对应的关节速度。

表 3.1　相关关节的单位旋量及其线性组合

副	形状	单位旋量	线性组合
转动	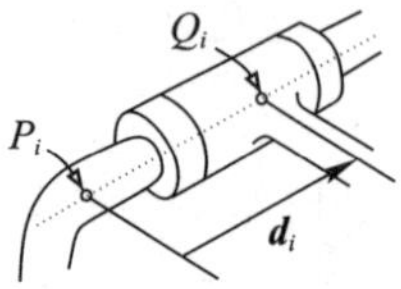	$\widehat{\boldsymbol{S}}_i=\begin{bmatrix}\boldsymbol{p}_i\times\boldsymbol{d}_i\\ \boldsymbol{d}_i\end{bmatrix}$	$\omega_i\widehat{\boldsymbol{S}}_i$
移动	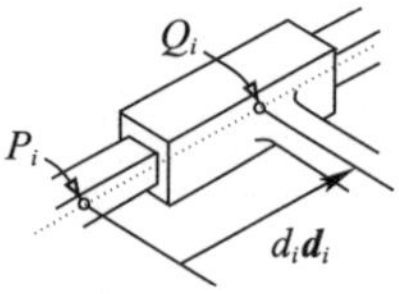	$\widehat{\boldsymbol{S}}_i=\begin{bmatrix}\boldsymbol{d}_i\\ \boldsymbol{0}\end{bmatrix}$	$\omega_i\widehat{\boldsymbol{S}}_i$
万向	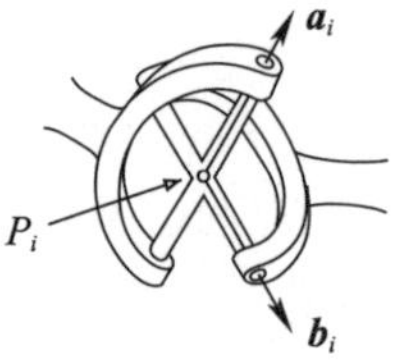	$\widehat{\boldsymbol{S}}_{i,a}=\begin{bmatrix}\boldsymbol{p}_i\times\boldsymbol{a}_i\\ \boldsymbol{a}_i\end{bmatrix}$ $\widehat{\boldsymbol{S}}_{i,b}=\begin{bmatrix}\boldsymbol{p}_i\times\boldsymbol{b}_i\\ \boldsymbol{b}_i\end{bmatrix}$	$\omega_{i,a}\widehat{\boldsymbol{S}}_{i,a}+\omega_{i,b}\widehat{\boldsymbol{S}}_{i,b}$
球	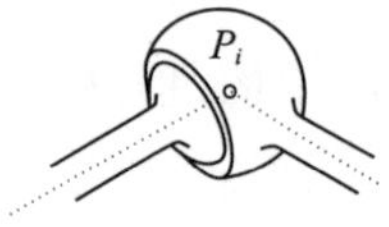	$\widehat{\boldsymbol{S}}_{i,x}=\begin{bmatrix}\boldsymbol{p}_i\times\boldsymbol{e}_x\\ \boldsymbol{e}_x\end{bmatrix}$ $\widehat{\boldsymbol{S}}_{i,y}=\begin{bmatrix}\boldsymbol{p}_i\times\boldsymbol{e}_y\\ \boldsymbol{e}_y\end{bmatrix}$ $\widehat{\boldsymbol{S}}_{i,z}=\begin{bmatrix}\boldsymbol{p}_i\times\boldsymbol{e}_z\\ \boldsymbol{e}_z\end{bmatrix}$	$\omega_{i,x}\widehat{\boldsymbol{S}}_{i,x}+$ $\omega_{i,y}\widehat{\boldsymbol{S}}_{i,y}+\omega_{i,z}\widehat{\boldsymbol{S}}_{i,z}$

$\boldsymbol{d}_i$、$\boldsymbol{a}_i$和$\boldsymbol{b}_i$是在 3.2.1 小节中为每个关节所定义的矢量。矢量$\boldsymbol{p}_i$提供关节点P_i相对于$\mathcal{F}_1$的位置。可以假设球关节瞬时等效于 3 个轴线相交于P_i且与矢量$\boldsymbol{e}_x=(1,0,0)$、$\boldsymbol{e}_y=(0,1,0)$和$\boldsymbol{e}_z=(0,0,1)$对齐的转动关节。

任何一组可行的关节速度都必须符合机构的运动学约束。为此，沿着任何闭合运动学回路的旋量总和应为零。若将回路中的关节旋量从 1 到 l 编号，则该条件可以写为

$$\omega_1\widehat{\boldsymbol{S}}_1+\omega_2\widehat{\boldsymbol{S}}_2+\cdots+\omega_l\widehat{\boldsymbol{S}}_l=\sum_{i=1}^{l}\omega_i\widehat{\boldsymbol{S}}_i=\boldsymbol{0} \tag{3.12}$$

式中：ω_i是第 i 个单位旋量对应的关节速度。机构的所有回路都必须满足此条件，但是只有与最大独立回路集相关的方程是必须满足的，因为其余的方程都与

之线性相关。若机构包含 c 个独立回路，则将得到 $6c$ 个方程，这些方程为关节速度的可行性施加了必要和充分条件，包括驱动关节和被动关节。

通常，$\boldsymbol{m}_u$ 中的每个输出速度分量都是末端执行器相对于 L_1 的旋量 $\widehat{\boldsymbol{T}}$ 的分量，这些分量可以写成关节速度的线性函数。若任选一条连接 L_1 到末端执行器的连杆和关节路径，并将其中的关节依次从 1 到 k 编号，则可得到以下等式，即

$$\widehat{\boldsymbol{T}} = \omega_1 \widehat{\boldsymbol{S}}_1 + \cdots + \omega_k \widehat{\boldsymbol{S}}_k = \sum_{i=1}^{k} \omega_i \widehat{\boldsymbol{S}}_i \tag{3.13}$$

因此，速度方程是由表达一系列独立回路的式(3.12)和表达机架与末端执行器连接的式(3.13)组合而成。结合式(2.2)，可以看到 $\boldsymbol{m}$ 是包含关节速度 ω_i 和扭转分量 $\widehat{\boldsymbol{T}}$ 的矢量，而 $\boldsymbol{L}$ 是与之相对应的系数矩阵。由于机构是非冗余的，假设它有 N 个关节且自由关节数为 n，那么它必须有 n 个驱动关节、$N-n$ 个被动关节和 n 个输出变量，也就意味着矢量 $\boldsymbol{m}$ 的维数是 $N+n$，所以 $\boldsymbol{L}$ 是一个 $N\times(N+n)$ 的矩阵。

$\boldsymbol{L}$ 的分量由单位旋量给出，并且由于它们取决于 $\boldsymbol{q}$ 的构型，因此有必要添加表 3.1 第 3 列中有关这些 $\boldsymbol{q}$ 的旋量分量的表达式。即使这些表达式中没有显式包含 $\boldsymbol{q}$，也可以通过引入以下线性关系从 $\boldsymbol{q}$ 的分量中获得矢量 $\boldsymbol{d}_i$、$\boldsymbol{a}_i$、$\boldsymbol{b}_i$ 和 $\boldsymbol{p}_i$，即

$$\boldsymbol{d}_i = \boldsymbol{R}_j \boldsymbol{d}_i^{\mathcal{F}_j} \tag{3.14}$$

$$\boldsymbol{a}_i = \boldsymbol{R}_j \boldsymbol{a}_i^{\mathcal{F}_j} \tag{3.15}$$

$$\boldsymbol{b}_i = \boldsymbol{R}_j \boldsymbol{b}_i^{\mathcal{F}_j} \tag{3.16}$$

$$\boldsymbol{p}_i = \boldsymbol{r}_j + \boldsymbol{R}_j \boldsymbol{p}_i^{\mathcal{F}_j} \tag{3.17}$$

此前的研究使我们可以建立式(2.7)、式(2.8)和式(2.12)~式(2.17)来适用于 3.3 节的方法。每个方程组都涉及以下这些变量：

(1) 构成元组的所有连杆的变量 $\boldsymbol{r}_j$ 和 $\boldsymbol{R}_j$，以及所有移动关节的 $\boldsymbol{d}_i$；

(2) 产生式(2.2)中矩阵 $\boldsymbol{L}$ 分量的单位旋量 $\widehat{\boldsymbol{S}}_i$ 的分量；

(3) 式(3.14)~式(3.17)中的矢量 $\boldsymbol{d}_i$、$\boldsymbol{a}_i$、$\boldsymbol{b}_i$ 和 $\boldsymbol{p}_i$；

(4) 建立秩亏条件所需要的矢量 $\boldsymbol{\xi}$ 和 $\boldsymbol{\zeta}$；

(5) 在 IO 或 Ⅱ 类型奇异点的情况下的矢量 $\boldsymbol{m}_u^*$ 或 $\boldsymbol{m}_v^*$。

然而，必须补充的是，所提到的公式往往可以通过消去所涉及的变量和方程来进行简化。例如，当机构中存在闭合运动链时，可以通过参考文献[9]中提到的过程消去很多 $\boldsymbol{r}_j$ 变量。此外，在并联机构中，同样可以使用一种方法来消除被

动关节速度，从而减小速度方程的复杂度[15]和获得更为紧凑的方程组。在可能的情况下，将在计算实验报告中使用这些和其他简化方法(3.5 节)。

3.3 奇异点集的分离

下面提供一种单独处理式(2.7)、式(2.8)和式(2.12)～式(2.17)解集的方法。该方法首先将方程化简为简单二次型，然后找到一个包含所有解的初始框盒，最后利用二次型的迭代删除框盒中不包含解的部分。文献[9,18]中提供了一种计算任意多回路连接 C 空间的策略，正如文献[14,19]中的那样，最近也成功应用它来得到了它们的奇异点。下面将详细描述该方法的步骤，分析其计算代价，并解释其并行化的可能性。

3.3.1 奇异点集方程向简洁二次型的转化

可以看到，在 3.2.2 小节中建立的方程均为多项式方程，只涉及线性、双线性和二次型。换句话说，如果 x_i 和 x_j 代表其任意两个变量，那么单项式的形式只能是 x_i、x_ix_j 或者 x_i^2。然后定义这些变量的转换，对二次型和双线性分别做以下变换，即

$$p_k = x_i^2 \tag{3.18}$$

$$b_k = x_ix_j \tag{3.19}$$

这些变换可以帮助我们将任意方程组转换成拓展形式，即

$$\begin{cases}\boldsymbol{\Lambda}(\boldsymbol{x}) = 0\\ \boldsymbol{\Omega}(\boldsymbol{x}) = 0\end{cases} \tag{3.20}$$

式中：$\boldsymbol{x}$ 为包含原始变量和新定义变量的元组；$\boldsymbol{\Lambda}(\boldsymbol{x}) = 0$ 为 $\boldsymbol{x}$ 中线性方程的子方程组；$\boldsymbol{\Omega}(\boldsymbol{x}) = 0$ 为 $\boldsymbol{x}$ 中如式(3.18)和式(3.19)形式的二次型的子方程组。虽然式(3.20)涉及的方程和变量更多，但其方程结构更为简洁，便于使用 3.3.3 小节所定义的分支修剪方法。

在式(2.12)～式(2.15)的方程组中，有一个变量不能为零，但由于此方法也可处理非严格不等式，所以后一个条件可以通过以下设定来强制实现，对于式(2.12)和式(2.15)的方程组，有

$$\|\boldsymbol{m}_v\|^2 \geqslant \epsilon \tag{3.21}$$

而对于式(2.13)和式(2.14)的方程组，有

$$\|\boldsymbol{m}_u\|^2 \geqslant \epsilon \tag{3.22}$$

式中：ϵ 为一个无穷小量。方程组的一些解可能被忽略，但通过使用这些项的次数也为二次的不等式，ϵ 可以任意缩小，从而将遗漏的解集缩减到可忽略的范围大小。要注意的是，这并不妨碍捕捉所有奇异点，因为总可以通过求解式(2.7)和式(2.8)这种只涉及等式的方程来进行详尽计算。

3.3.2　初始二维搜索边界

这里所提出公式的一个优点是可以直接为式(3.20)的所有解定义保守边界区间，原因如下。

(1) 矢量 $\boldsymbol{r}_j$ 的简洁可行区间可由连杆的尺寸推导出。

(2) 移动关节的允许位移 $\boldsymbol{d}_i$ 通常由其自身设计所限制，或者也可以由连杆的尺寸推导出。

(3) 式(3.8)～式(3.11)将 $\boldsymbol{R}_j$ 的列约束为单位矢量，所以它们的分量只能从[-1,1]区间内取值。

(4) 单位旋量 $\widehat{\boldsymbol{S}}_i$ 的分量可以利用表3.1中其他变量的区间推导出。

(5) 涉及单位矢量 $\boldsymbol{d}_i$、$\boldsymbol{a}_i$ 和 $\boldsymbol{b}_i$ 分量的变量取值只能在[-1,1]区间内。

(6) $\boldsymbol{p}_i$ 分量的区间可由式(3.17)推导出。

(7) $\boldsymbol{\xi}$ 和 $\boldsymbol{\zeta}$ 的分量在[-1,1]的区间内，因为它们是单位矢量。

(8) 式(2.14)和式(2.15)中 $\boldsymbol{m}_u^*$ 和 $\boldsymbol{m}_v^*$ 分量的可行区间可以通过使用 $\boldsymbol{L}_u^{\mathrm{T}}\boldsymbol{\zeta}=\boldsymbol{m}_u^*$ 和 $\boldsymbol{L}_v^{\mathrm{T}}\boldsymbol{\zeta}=\boldsymbol{m}_v^*$ 映射已知区间来获得。

(9) 变量 p_k 和 b_k 的区间可以通过使用式(3.18)和式(3.19)的简单区间运算推导出。

总之，根据所有这些区间的笛卡儿积，可以定义一个初始矩阵框盒 $\mathcal{B}$ 来包围式(3.20)的所有解。

3.3.3　基于分支修剪法的奇异点集方程求解

求解式(3.20)的算法递归地对 $\mathcal{B}$ 应用两种运算，即框盒收缩和框盒分裂。利用框盒收缩，通过缩小 $\mathcal{B}$ 的一些定义区间来消除不包含解的部分。重复这个过程，直到框盒减小到空集，此时框盒内不包含解，或者减小到框盒足够小，此时认为它是一个解点框盒，再或者框盒已经不能显著减小，这种情况下，通过框盒拆分(简单的平分最大间隔)来分成两个子框盒。为了收敛到所有解，整个过程递归地应用于新的子框盒，直到获得一组边长小于给定阈值 σ 的解框盒。

该方案中的关键操作是框盒收缩，具体实现如下。首先需要注意的是，落入某个子框盒 $\mathcal{B}_c\subseteq\mathcal{B}$ 的解必须位于 $\boldsymbol{\Lambda}(\boldsymbol{x})=0$ 定义的线性变化中。因此，可以将 $\mathcal{B}_c$

缩小到最小可能边界来限制$\mathcal{B}_c$内的变体，可以通过求解以下两个线性程序找到沿维度x_i的框盒收缩极限，即

LP1：　　最小化x_i，s. t. ：$\boldsymbol{\Lambda}(\boldsymbol{x})=0,\boldsymbol{x}\in\mathcal{B}_c$

LP2：　　最大化x_i，s. t. ：$\boldsymbol{\Lambda}(\boldsymbol{x})=0,\boldsymbol{x}\in\mathcal{B}_c$

然而，$\mathcal{B}_c$可以进一步缩小，因为解还必须满足$\boldsymbol{\Omega}(\boldsymbol{x})=0$中的方程$p_k=x_i^2$和$b_k=x_ix_j$。考虑到这些方程，如果$[g_i,h_i]$表示$\mathcal{B}_c$沿维度$x_i$的间隔，则有以下几点。

（1）抛物线$p_k=x_i^2$位于$\mathcal{B}_c$内的部分受三角形$A_1A_2A_3$的约束，其中A_1和A_2是抛物线与直线$x_i=g_i$和$x_i=h_i$相交的点，A_3是抛物线在A_1和A_2处的切线的相交点（图3.3(a)）。

（2）双曲抛物面$b_k=x_ix_j$位于B_c内的部分受四面体$B_1B_2B_3B_4$的约束，其中点$B_1\sim B_4$是通过将矩阵$[g_i,h_i]\times[g_j,h_j]$的角垂直提升到抛物面上而获得（图3.3(b)）。

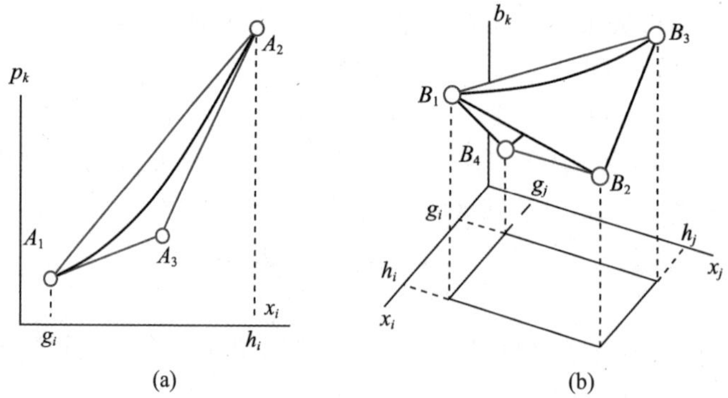

图3.3　框盒$\mathcal{B}_c$内的多面体边界

对应于这些边界的线性不等式可以添加到LP1和LP2上。如果发现其中一个线性程序不可行，则往往可以使$\mathcal{B}_c$产生更大的缩减，甚至可以完全消除它。在这一步中，不等式需要对式(3.21)和式(3.22)中的条件进行建模，也可以考虑将它们添加到线性程序中。

算法3.1给出了该过程的顶层伪代码。作为输入，它接收框盒$\mathcal{B}$、包含式(3.20)中描述的要计算的奇异点集的列表$\boldsymbol{F}$以及两个阈值参数σ和ρ。作为输出，它返回一个包含所有解集点的解框盒的列表B。函数VOLUME($\mathcal{B}_c$)和SIZE($\mathcal{B}_c$)分别计算B的体积和最长边的长度。此两个函数以及其他直接实现的底层代码均未详细说明。

算法3.1　二次方程求解器

```
Solve-system(𝓑,F,σ,ρ)
输入：初始边界框盒𝓑,一个其函数定义式(3.20)的列表F，以及参数σ和ρ。
输出：解框盒的列表B
1  B←∅
2  P←{𝓑}
3  while P≠∅ do
4      𝓑c←EXTRACT(P)
5      while not IS-VOID(𝓑c) and SIZE(𝓑c)>σ and Vc/Vp≤ρ do
6          Vp←VOLUME(𝓑c)
7          SHRINK-BOX(𝓑c,F)
8          Vc←VOLUME(𝓑c)
9      if not IS-VOID(𝓑c) then
10         if SIZE(𝓑c)≤σ then
11             B←B∪{𝓑c}
12         else
13             (𝓑1,𝓑2)←SPLIT-BOX(𝓑c)
14             P←P∪{𝓑1,𝓑2}
15 RETURN(B)
```

一开始在第1行和第2行设置了两个列表,即解框盒的空列表B和包含B的待处理框盒列表P。然后通过迭代之后的步骤执行while循环,直到P变为空(第3~14行)。第4行从P中提取一个框盒。第5~8行通过SHRINK-BOX函数尽可能地缩减这个框盒,直到框盒为空(Is-VOID($\mathcal{B}_c$)为真),或者不能显著缩小($V_c/V_p>\rho$),或者变得足够小(SIZE($\mathcal{B}$)$\leqslant\sigma$)。在后一种情况下,认为是问题的解框盒。如果一个框盒既不为解也不为空,那么第13行和第14行中将其拆分为两个子框盒,并添加到P中做进一步处理。第7行中的SHRINK-BOX过程将要收缩的框盒$\mathcal{B}_c$和方程$\boldsymbol{F}$的列表作为输入。该过程收集所有线性方程和所有近似方程$p_k=x_i^2$和$b_k=x_ix_j$的半平面,然后使用这些约束通过求解上面指出的线性程序LP1和LP2来减少框盒的每个维度,这可为相应的区间提供更严格的边界。

事实证明,前面的算法探索了一个框盒的二叉树,其内部节点对应于某个时间节点被拆分的框盒,其叶节点要么是解,要么为空盒。称第15行作为输出返回的所有解框盒的集合为形成式(3.20)的解集的框盒近似值,因为它的框盒构成了集合的离散包络,其精度可以通过参数来进行调整。图3.4说明了在计算Gerono双纽曲线和2.4节中的3滑块机构的C空间时该算法的进程和产生的框盒近似值。

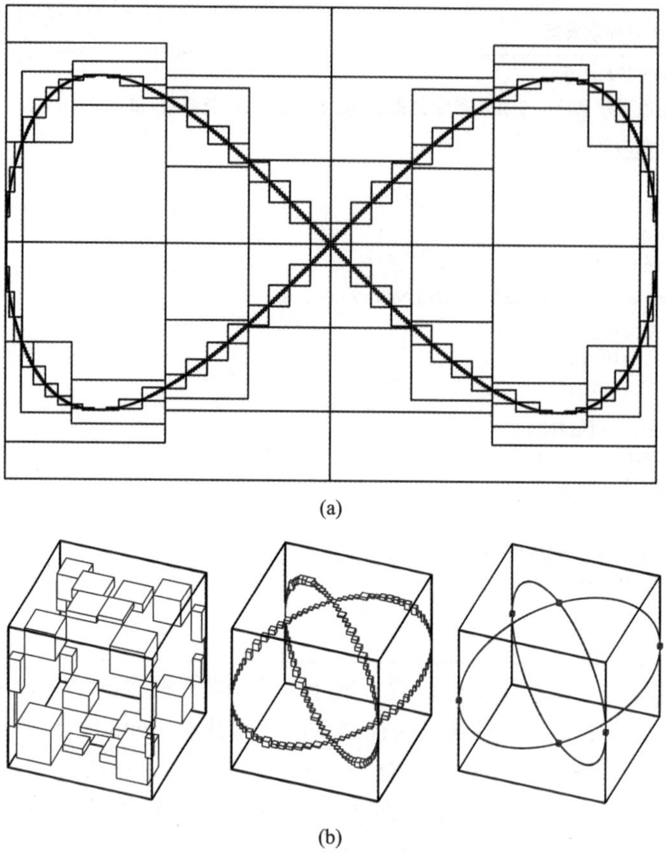

图 3.4　在计算 Gerono 双纽曲线和 3 滑块机构在 C 空间时该算法的进程和产生的框盒近似
(a)计算由$y^4=(y^2-x^2)$定义的 Gerono 双纽曲线时的算法进程(展示了初始框盒,并叠加了算法生成的中间和最终框盒近似值);(b)计算 2.4 节中的 3 滑块机构的 C 空间时的进展,即式(2.18)中$L_1=L_2$的解(从左往右,按顺序以蓝色线条展示了计算的 3 个阶段,最后一个图中覆盖了机构的奇异点,用红点表示通过求解式(2.7)和式(2.8)得到的奇异点)。

3.3.4　算法的计算代价与并行化

算法的计算代价可以通过计算一次迭代的成本和需要执行的迭代次数来评估,两者均以机构的连杆数(n_b)和关节数(n_j)为依照。一方面,可以认为迭代包括将框盒收缩过程应用于给定框盒。这涉及求解 $2n_x$ 个线性程序,其中n_x 是式(3.20)中的变量数,由于线性依赖于n_b 和n_j,并且 Karmarkar 对线性程序复杂度的限制是 $O(n_x^{3.5})$[20],可以得出结论,一次迭代的代价是n_b 和n_j的最坏情况多项式。另一方面,很难预测算法需要多少步来分离所有解。迭代次数很大程度

上取决于所选择的 σ 和奇异子集的维数 d。当 $d=0$ 时，该算法相对较快，因为其对根具有二次收敛性。当 $d \geqslant 1$ 时，在最优情况下成本与 σ 成反比。然而，对于固定的 σ，解框盒的数量随 d 呈指数增长，因此通常仅基于 d 来对执行时间进行初始猜测。d 的值可以通过奇异点集相对于 C 空间的余维数通常为 1 来估计，并且使用含有 n_b 和 n_j 的 Grübler – Kutzbach 公式来确定 C 空间的维数。此外，需要注意该算法的完整性，只要使用足够小的 σ 值，该算法就可以成功准确地分离式(3.20)的所有解。该算法的详细属性，包括其完整性、正确性和收敛顺序的分析，可以在参考文献[9]中找到。

显然，该算法的计算要求很高，但需要注意的是，它可以自然地并行化，以便在多处理器计算机上运行。为此，只需在一个选定的“主管”处理器中实现搜索树的簿记，该处理器随时跟踪树叶。每一片既不是空的也不是解框盒的叶节点都需要进一步缩小。由于框盒缩减是最耗时的任务，并且有几个框盒同时待缩减，因此通过将每个缩减分配给任何剩余的“子”处理器来并行执行缩减是有意义的。因此，子处理器的任务是从主管处理器处接收框盒，通过解决上述线性程序来尽可能地缩减它，并将缩减后的框盒返回给主管处理器，主管处理器将其排队以便后续的进一步拆分和缩减，或在需要的情况下将其标记为解或空框盒。

3.4 奇异点集的可视化

尽管有计算 $\mathcal{S}$ 的方法，但一个重要的问题是如何用一种符合机器人设计者需要的方式来表示这个集合。由于 $\boldsymbol{q}$ 通常涉及大量的构型变量，$\mathcal{S}$ 通常嵌入在高维空间中，为了理解其结构，将不可避免地用到二维或三维投影。例如，在文献[21 – 24]中所做的一个启发性的选择是将 $\mathcal{S}$ 投影到输出空间 $\mathcal{U}$，因为该空间对末端执行器运动进行编码并且更容易解释。在这种投影中，对应于逆运动学奇异点的点表示相对于 $\boldsymbol{u}$ 变量的瞬时自由度的损失。如第 4 章所示，这些点提供了工作空间相对于这些变量的边界和内部屏障。类似地，$\mathcal{S}$ 可以投影到输入空间 $\mathcal{V}$，如文献[25 – 27]中所述，其中正运动学奇异点限定了执行器应能到达的运动范围。投影后的 $\mathcal{V}$ 空间和 $\mathcal{U}$ 空间都被划分为若干个区域，通过在每个区域中选择一个点并求解，可以确定哪些区域对应于机构的可行构型

$$\boldsymbol{\Phi}(\boldsymbol{v},\boldsymbol{y})=\mathbf{0}$$

或者

$$\boldsymbol{\Phi}(\boldsymbol{u},\boldsymbol{z})=\mathbf{0}$$

利用 3.3 节中描述的数值方法，将 $\boldsymbol{u}$ 或 $\boldsymbol{v}$ 固定到选定点上。

我们称为奇异点相图的结果图(图 3.5)传达了许多关于机构运动性能的全局信息,因为以下几点。

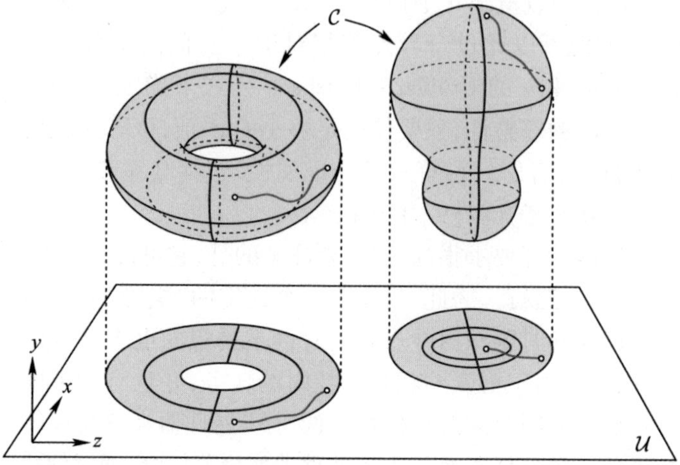

图 3.5　具有两个相连组件的虚拟 C 空间 $\mathcal{C}$ 的相图(在这种情况下,假设 $\mathcal{V}$ 空间和 $\mathcal{U}$ 空间为(x,y)和(x,z)平面,则正运动学和逆运动学奇异点的轨迹分别为红色和蓝色曲线。为了简单起见,仅显示 $\mathcal{U}$ 空间上的相图。在这种情况下,相图可能揭示了 $\mathcal{C}$ 中存在多个连通部分,此外,它还可以用作一个安全导引图,因为相图中未穿过投影奇异点的路径对应于 $\mathcal{C}$ 中的无奇异点路径(左路径)。但反之不一定正确(右路径))

(1) 在 $\mathcal{C}$ 中存在多个连接组件可能会通过投影来揭示,这些知识可能有助于根据要执行的任务,确定设计时应当“组装”到机构的最适合的部件。

(2) 在 $\mathcal{V}$ 或 $\mathcal{U}$ 中未穿过投影奇异点的可行路径总是对应于 $\mathcal{C}$ 中的无奇异点路径。

(3) 只有当接近某一投影奇异点时,某种运动退化才是可以预期的,因此相图可以用作 $\mathcal{C}$ 的安全导引图。

尽管存在这些优势,但需要注意的是,$\mathcal{C}$ 的无奇异点区域的连通性仅部分反映在相图中。例如,在图 3.5 的右侧组件中,当观察相图时很容易看出,$\mathcal{C}$ 的不同点似乎被奇异点分隔开,而实际上它们是由 $\mathcal{C}$ 中的无奇异点路径连接起来的。第 5 章和第 6 章将开发强大的数值工具来确定此类路径的存在,并提供从给定构型可以到达的 $\mathcal{C}$ 的整个无奇异点区域。

3.5 示例分析

接下来,将通过一些示例来说明该方法。在 3.5.1 小节和 3.5.2 小节中,将其应用于平面和空间机构的正运动学和逆运动学奇异点计算中。在 3.5.3 小节中，进一步用一个 2 自由度机构说明了 Zlatanov 的底层奇异点集计算，以及它们在 C 空间上的复杂划分。

所有的计算都是使用 3.3.3 小节中所描述方法的并行化版本来进行的，使用 CUIK 组件[28]的程序库在 C 中实现，在能够并行运行 160 个线程的 Xeon 处理器的网格计算机上执行。在本章的最后，用表格总结了该方法在所给出的示例问题上的性能数据。

在之后的所有图中，将使用与图 3.5 中的相同色码来区分正运动学和逆运动学奇异点轨迹，并识别机构可达到的 $\mathcal{V}$ 和 $\mathcal{U}$ 区域。

3.5.1　3 - RRR 机构

3 - RRR 机构由一个通过 3 条支链与机架相连的移动平台组成，其中每条支链均包含 3 个转动副（图 3.6）。这种机构最常见的版本是将执行机构安装在中间或基础关节上（图 3.7）。在这里，首先考虑 3 - R$\underline{\text{R}}$R 机构，其中位于 P_4、P_5

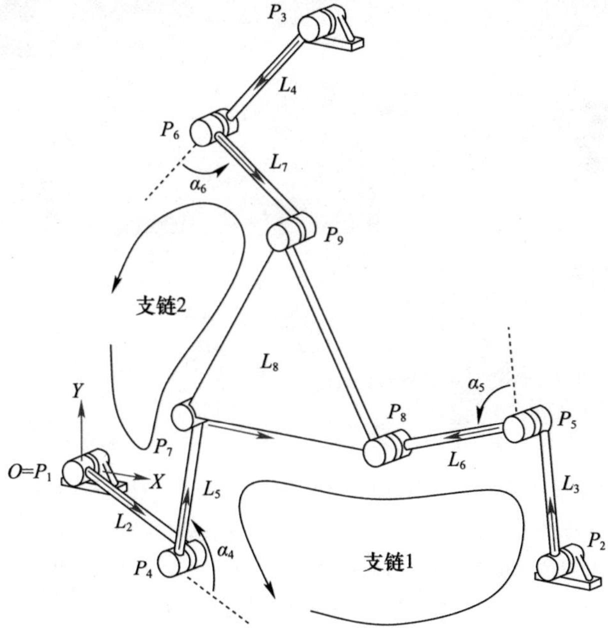

图 3.6　平面 3 - RRR 机构（其中的 P_i 点是每个旋转关节 j_i 的中心。连杆依次标记为 $L_1, \cdots, L_8$，其中 L_1 是机架 $P_1P_2P_3$，L_8 是末端执行器 $P_7P_8P_9$。每个连杆 L_j 都有一个以 P_{j-1} 中心的相对参考系，其 X 轴用红色表示。每条支链中间关节 j_i 处的相对角度标记为 α_i，参考系 $\mathcal{F}_j$ 和 $\mathcal{F}_1$（未绘制）之间的绝对角度用 θ_j 表示）

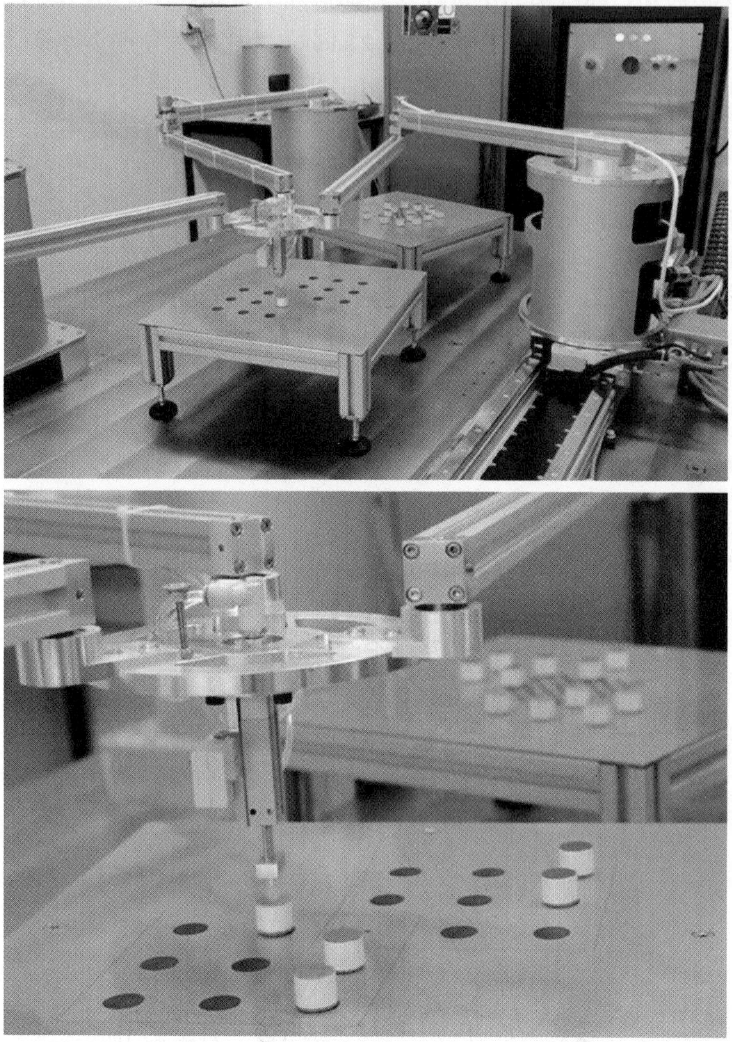

图 3.7 汉诺威莱布尼兹大学制造的一种可重构平面 3 - $\underline{R}$RR 机构，其在机架的旋转关节上带有驱动器[29]（图中显示的是一个机器人快速取放的情况。其中一个被驱动的环节可以沿着滑块随意放置，从而固定一个结构，避免在任务过程中交叉奇异点）（由 Jens Kotlarski 博士提供）

和P_6的 3 个中间关节为主动关节（允许对平台 3 自由度的独立控制），而其余关节为被动关节。机构的输入速度是中间关节处的角速度，输出速度是由作为末端执行器的移动平台$P_7P_8P_9$的旋量给出的。

有几种工具可以用来研究这种机构的奇异点集 $\mathcal{S}$[30-32]，它们通常是二维的。参考文献[22]中对其进行了很好的总结，其表明正运动学奇异点可以从3－R$\underline{\text{P}}$R机构中导出，而逆运动学奇异点可以从支链的顶点空间以几何方式生成。这些方法很有用，但只专注于导出 $\mathcal{S}$ 的恒定方向切片，因此整个奇异点表面的重建涉及平台方向角的离散化，这必然将 $\mathcal{S}$ 的点排除在表征之外。此外，仅导出了切片到两个输出变量平面的投影，这意味着例如输入空间上奇异点表面的可视化并不简单。相反，本书中所介绍的方法允许直接在 $\mathcal{C}$ 中计算整个奇异点表面，并且可以很容易地将其投影到包括 $\mathcal{V}$ 或 $\mathcal{U}$ 在内的任何所需的空间，且不会导致任何信息的丢失。

为了计算 $\mathcal{S}$，所提到的方法需要制定如3.2节中所述的运动副约束。为此将机构的连杆依次标记为$L_1,\cdots,L_8$，其中L_1是由P_1、P_2和P_3定义的机架，L_8是移动平台$P_7P_8P_9$，其余连杆L_j则由点P_{j-1}和P_{j+2}定义。将关节也标记为$J_1,\cdots,J_8$，其中J_i是点P_i处的关节。对于本机构，表3.2中给出了每个连杆局部坐标系中点P_i的坐标，这些坐标与[2.2，2.4节]中分析的几何图形相对应。

表3.2　两种3－RRR机构的联合坐标

机器人	L_1	L_2	L_3	L_4
3－R$\underline{\text{R}}$R	$\boldsymbol{p}_1^{\mathcal{F}_1}=(0,0)$ $\boldsymbol{p}_2^{\mathcal{F}_1}=(-2.386,0)$ $\boldsymbol{p}_3^{\mathcal{F}_1}=(-1.193,-2.076)$	$\boldsymbol{p}_1^{\mathcal{F}_2}=(0,0)$ $\boldsymbol{p}_4^{\mathcal{F}_2}=(4,0)$	$\boldsymbol{p}_2^{\mathcal{F}_3}=(0,0)$ $\boldsymbol{p}_5^{\mathcal{F}_3}=(4,0)$	$\boldsymbol{p}_3^{\mathcal{F}_4}=(0,0)$ $\boldsymbol{p}_6^{\mathcal{F}_4}=(4,0)$
3－$\underline{\text{R}}$RR	$\boldsymbol{p}_1^{\mathcal{F}_1}=(0,0)$ $\boldsymbol{p}_2^{\mathcal{F}_1}=(2.35,0)$ $\boldsymbol{p}_3^{\mathcal{F}_1}=(1.175,2.035)$	$\boldsymbol{p}_1^{\mathcal{F}_2}=(0,0)$ $\boldsymbol{p}_4^{\mathcal{F}_2}=(1,0)$	$\boldsymbol{p}_2^{\mathcal{F}_3}=(0,0)$ $\boldsymbol{p}_5^{\mathcal{F}_3}=(1,0)$	$\boldsymbol{p}_3^{\mathcal{F}_4}=(0,0)$ $\boldsymbol{p}_6^{\mathcal{F}_4}=(1,0)$

机器人	L_5	L_6	L_7	L_8
3－R$\underline{\text{R}}$R	$\boldsymbol{p}_4^{\mathcal{F}_5}=(0,0)$ $\boldsymbol{p}_7^{\mathcal{F}_5}=(3,0)$	$\boldsymbol{p}_5^{\mathcal{F}_6}=(0,0)$ $\boldsymbol{p}_8^{\mathcal{F}_6}=(3,0)$	$\boldsymbol{p}_6^{\mathcal{F}_7}=(0,0)$ $\boldsymbol{p}_9^{\mathcal{F}_7}=(3,0)$	$\boldsymbol{p}_7^{\mathcal{F}_8}=(0,0)$ $\boldsymbol{p}_8^{\mathcal{F}_8}=(-0.276,0.276)$ $\boldsymbol{p}_9^{\mathcal{F}_8}=(-0.919,0.184)$
3－$\underline{\text{R}}$RR	$\boldsymbol{p}_4^{\mathcal{F}_5}=(0,0)$ $\boldsymbol{p}_7^{\mathcal{F}_5}=(1.35,0)$	$\boldsymbol{p}_5^{\mathcal{F}_6}=(0,0)$ $\boldsymbol{p}_8^{\mathcal{F}_6}=(1.35,0)$	$\boldsymbol{p}_6^{\mathcal{F}_7}=(0,0)$ $\boldsymbol{p}_9^{\mathcal{F}_7}=(1.35,0)$	$\boldsymbol{p}_7^{\mathcal{F}_8}=(0,0)$ $\boldsymbol{p}_8^{\mathcal{F}_8}=(1.2,0)$ $\boldsymbol{p}_9^{\mathcal{F}_8}=(0.6,0.6\sqrt{3})$

由于该机构为平面机构，连杆的位置矢量$\boldsymbol{r}_j$提供了维数为$\mathbb{R}^2$的点，因此矩阵$\boldsymbol{R}_j$可以写为

$$\boldsymbol{R}_j=\begin{bmatrix} c_j & -s_j \\ s_j & c_j \end{bmatrix}$$

式中：c_j和s_j为$\mathcal{F}_j$和$\mathcal{F}_1$之间夹角θ_j的余弦和正弦，从而证明

$$c_j^2 + s_j^2 = 1 \tag{3.23}$$

需要注意的是，平面内旋转关节的运动副约束仅等效于施加式(3.1)。因此，在这种情况下，式(2.1)是由所有关节的式(3.1)和所有连杆的式(3.23)组成的方程组。然而，如文献[9]所示，可以通过替换式(3.1)中的所有实例来消除变量r_j，沿着机构的一组独立回路求和。在这种情况下，式(2.1)由所有连杆的式(3.23)以及下式构成，即

$$\boldsymbol{R}_2\boldsymbol{p}_4^{\mathcal{F}_2} + \boldsymbol{R}_5\boldsymbol{p}_7^{\mathcal{F}_5} + \boldsymbol{R}_8\boldsymbol{p}_8^{\mathcal{F}_8} - \boldsymbol{R}_6\boldsymbol{p}_8^{\mathcal{F}_6} - \boldsymbol{R}_3\boldsymbol{p}_5^{\mathcal{F}_3} = \boldsymbol{0}$$

$$\boldsymbol{R}_2\boldsymbol{p}_4^{\mathcal{F}_2} + \boldsymbol{R}_5\boldsymbol{p}_7^{\mathcal{F}_5} + \boldsymbol{R}_8\boldsymbol{p}_9^{\mathcal{F}_8} - \boldsymbol{R}_7\boldsymbol{p}_9^{\mathcal{F}_7} - \boldsymbol{R}_4\boldsymbol{p}_6^{\mathcal{F}_4} = \boldsymbol{0}$$

这使图 3.6 中的两个支链成为闭环。原方程组有 25 个方程和 28 个变量，而简化后的方程组只有 11 个方程和 14 个变量，因此更容易求解。

如果ω_i是J_i的关节速度，$\widehat{\boldsymbol{S}}_i$是相关的旋量，则相对于回路 1 和回路 2 的扭转回路方程可以表示为

$$\omega_1\widehat{\boldsymbol{S}}_1 + \omega_4\widehat{\boldsymbol{S}}_4 + \omega_7\widehat{\boldsymbol{S}}_7 - \omega_8\widehat{\boldsymbol{S}}_8 - \omega_5\widehat{\boldsymbol{S}}_5 - \omega_2\widehat{\boldsymbol{S}}_2 = \boldsymbol{0} \tag{3.24}$$

$$\omega_1\widehat{\boldsymbol{S}}_1 + \omega_4\widehat{\boldsymbol{S}}_4 + \omega_7\widehat{\boldsymbol{S}}_7 - \omega_9\widehat{\boldsymbol{S}}_9 - \omega_6\widehat{\boldsymbol{S}}_6 - \omega_3\widehat{\boldsymbol{S}}_3 = \boldsymbol{0} \tag{3.25}$$

并且可以使用下面的等式来引入末端执行器的旋量$\widehat{\boldsymbol{T}} = (v_x, v_y, \omega)$，即

$$\widehat{\boldsymbol{T}} = \omega_1\widehat{\boldsymbol{S}}_1 + \omega_4\widehat{\boldsymbol{S}}_4 + \omega_7\widehat{\boldsymbol{S}}_7 \tag{3.26}$$

因此，速度方程 $\boldsymbol{L}\cdot\boldsymbol{m} = \boldsymbol{0}$ 在这种情况下由式(3.24)～式(3.26)定义，即 $\boldsymbol{m} = (v_x, v_y, \omega, \omega_1, \cdots, \omega_9)$ 和

$$\boldsymbol{L} = \begin{bmatrix} -\boldsymbol{I}_{3\times 3} & \widehat{\boldsymbol{S}}_1 & \boldsymbol{0} & \boldsymbol{0} & \widehat{\boldsymbol{S}}_4 & \boldsymbol{0} & \boldsymbol{0} & \widehat{\boldsymbol{S}}_7 & \boldsymbol{0} & \boldsymbol{0} \\ \boldsymbol{0} & \widehat{\boldsymbol{S}}_1 & -\widehat{\boldsymbol{S}}_2 & \boldsymbol{0} & \widehat{\boldsymbol{S}}_4 & -\widehat{\boldsymbol{S}}_5 & \boldsymbol{0} & \widehat{\boldsymbol{S}}_7 & -\widehat{\boldsymbol{S}}_8 & \boldsymbol{0} \\ \boldsymbol{0} & \widehat{\boldsymbol{S}}_1 & \boldsymbol{0} & -\widehat{\boldsymbol{S}}_3 & \widehat{\boldsymbol{S}}_4 & \boldsymbol{0} & -\widehat{\boldsymbol{S}}_6 & \widehat{\boldsymbol{S}}_7 & \boldsymbol{0} & -\widehat{\boldsymbol{S}}_9 \end{bmatrix} \tag{3.27}$$

考虑到$\boldsymbol{m}_v = (\omega_4, \omega_5, \omega_6)$和$\boldsymbol{m}_u = (v_x, v_y, \omega)$，式(2.7)和式(2.8)中需要的矩阵$\boldsymbol{L}_y$和$\boldsymbol{L}_z$分别为

$$\boldsymbol{L}_y = \begin{bmatrix} -\boldsymbol{I}_{3\times 3} & \widehat{\boldsymbol{S}}_1 & \boldsymbol{0} & \boldsymbol{0} & \widehat{\boldsymbol{S}}_7 & \boldsymbol{0} & \boldsymbol{0} \\ \boldsymbol{0} & \widehat{\boldsymbol{S}}_1 & -\widehat{\boldsymbol{S}}_2 & \boldsymbol{0} & \widehat{\boldsymbol{S}}_7 & -\widehat{\boldsymbol{S}}_8 & \boldsymbol{0} \\ \boldsymbol{0} & \widehat{\boldsymbol{S}}_1 & \boldsymbol{0} & -\widehat{\boldsymbol{S}}_3 & \widehat{\boldsymbol{S}}_7 & \boldsymbol{0} & -\widehat{\boldsymbol{S}}_9 \end{bmatrix} \tag{3.28}$$

$$L_z=\begin{bmatrix}\widehat{S}_1 & \mathbf{0} & \mathbf{0} & \widehat{S}_4 & \mathbf{0} & \mathbf{0} & \widehat{S}_7 & \mathbf{0} & \mathbf{0}\\ \widehat{S}_1 & -\widehat{S}_2 & \mathbf{0} & \widehat{S}_4 & -\widehat{S}_5 & \mathbf{0} & \widehat{S}_7 & -\widehat{S}_8 & \mathbf{0}\\ \widehat{S}_1 & \mathbf{0} & -\widehat{S}_3 & \widehat{S}_4 & \mathbf{0} & -\widehat{S}_6 & \widehat{S}_7 & \mathbf{0} & -\widehat{S}_9\end{bmatrix} \tag{3.29}$$

最后可以很容易地看出，在平面机构中，表3.1中$\widehat{S}_i$的表达式可简化为

$$\widehat{S}_i=\begin{bmatrix}y_i\\ -x_i\\ 1\end{bmatrix} \tag{3.30}$$

式中：$\boldsymbol{p}_i=(x_i,y_i)$是$P_i$的绝对坐标[17]。这些坐标可以用式(3.17)表示为机构的构型；否则，如果没有消除r_j变量，则这些坐标可以借助下式表达，即

$$\boldsymbol{p}_4=\boldsymbol{p}_1+\boldsymbol{R}_2\boldsymbol{p}_4^{\mathcal{F}2},\quad \boldsymbol{p}_7=\boldsymbol{p}_4+\boldsymbol{R}_5\boldsymbol{p}_7^{\mathcal{F}5}$$
$$\boldsymbol{p}_5=\boldsymbol{p}_2+\boldsymbol{R}_3\boldsymbol{p}_5^{\mathcal{F}3},\quad \boldsymbol{p}_8=\boldsymbol{p}_5+\boldsymbol{R}_6\boldsymbol{p}_8^{\mathcal{F}6}$$
$$\boldsymbol{p}_6=\boldsymbol{p}_3+\boldsymbol{R}_4\boldsymbol{p}_6^{\mathcal{F}4},\quad \boldsymbol{p}_9=\boldsymbol{p}_6+\boldsymbol{R}_7\boldsymbol{p}_9^{\mathcal{F}7}$$

需要注意的是，$\boldsymbol{p}_1=\boldsymbol{p}_1^{\mathcal{F}1}$、$\boldsymbol{p}_2=\boldsymbol{p}_2^{\mathcal{F}2}$和$\boldsymbol{p}_3=\boldsymbol{p}_3^{\mathcal{F}3}$，所以这些矢量取表3.2中给出的常数值。

现在已经了解如何采用数值方法要求的形式建立式(2.7)和式(2.8)。然而，为了生成3.4节中提到的相图，在方程组中引入输入和输出变量是很方便的。输出变量由$\boldsymbol{u}=(x_7,y_7,\theta_8)$给出，它们在公式中已经明确。输入变量为图3.6所示的相对角$\boldsymbol{v}=(\alpha_4,\alpha_5,\alpha_6)$，其正弦和余弦可通过以下方程得到，即

$$s_{\alpha_j}=s_{j+1}c_{j-2}-c_{j+1}s_{j-2}$$
$$c_{\alpha_j}=c_{j+1}c_{j-2}+s_{j+1}s_{j-2}$$

对于$j=4$、5、6，它们是$\alpha_j=\theta_{j+1}-\theta_{j-2}$的代数形式。通过引入这些方程，数值方法将能够提供$\alpha_4$、$\alpha_5$和$\alpha_6$的正弦和余弦范围，从中可以直接获得相应的角度范围。

通过该方法获得的奇异面如图3.8(顶部)所示，投影到输出空间。蓝色表面对应于逆运动学奇异点轨迹，它提供了工作空间的边界。红色表面对应于正运动学奇异点轨迹，即由于驱动自由度的特定选择，运动控制受到影响的构型。尽管这些奇异点表面看起来很复杂，但可以证明正运动学奇异点轨迹的恒定方向切片是(x_7,y_7)平面中的圆锥截面[22,30]。通过简单地固定方程中的θ_8值，使用所提出的方法可以很容易地获得这些切片中的任何一个，获得图3.8(底部)中所示的红色曲线，其中只有成对的直线、抛物线或椭圆形如预期的那样出现。这

些图中的逆运动学奇异点曲线也与通过顶点空间相交获得的曲线重合[22,31]。

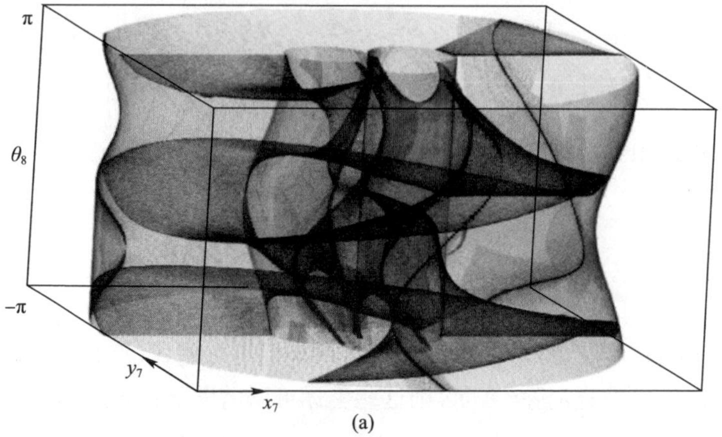

(a)

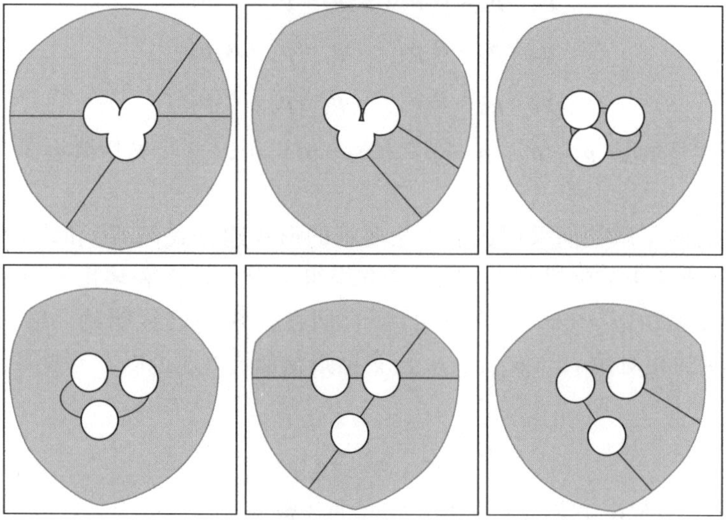

(b)

图 3.8　3 − R$\underline{R}$R 机构的输出相图

(a)(x_7,y_7,θ_8)空间的正运动学(红色)和逆运动学(蓝色)奇异点曲面(框盒是用半透明的面绘制的,以更好地观察表面的形状。有关该图的动画版本,请参见文献[33]);(b)在θ_8为恒定值下输出相图的切片$\left(\text{从左到右、从上到下}\theta_8\text{的值依次为} -\pi, -\frac{3\pi}{4}, -\frac{\pi}{2}, -\frac{\pi}{4}, 0 \text{和} \pi\right)$。

通过简单地改变投影坐标,也可以很容易地在输入空间中表示 $\mathcal{S}$,得到图 3.9所示的结果。这里的正运动学奇异点限制了执行器的运动范围,可以看出逆运动学奇异点仅出现在某一α_j角为 0 或 π 的平面上,这与平台仅在至少一条支链完全伸展或向后折叠时失去瞬时移动性的事实一致[22]。为了更好地理解输入空间上奇异曲面的结构，还显示了α_6为常数值的一些切片。观察输入可达的整个区域是如何在$\alpha_6=0$或$\alpha_6=\pi$时奇异的。在这些切片中，逆运动学奇异点不再像人们期望的那样是一维的。尽管这种情况对所提出的方法来说没有问题，但它确实可能会阻碍其他依赖于α_6离散化方法的应用。

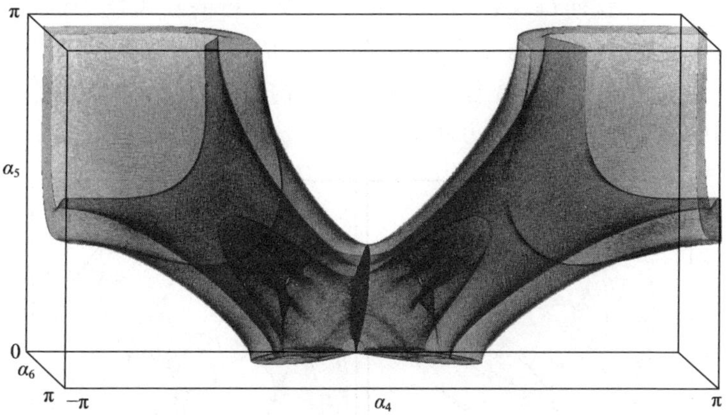

(a)

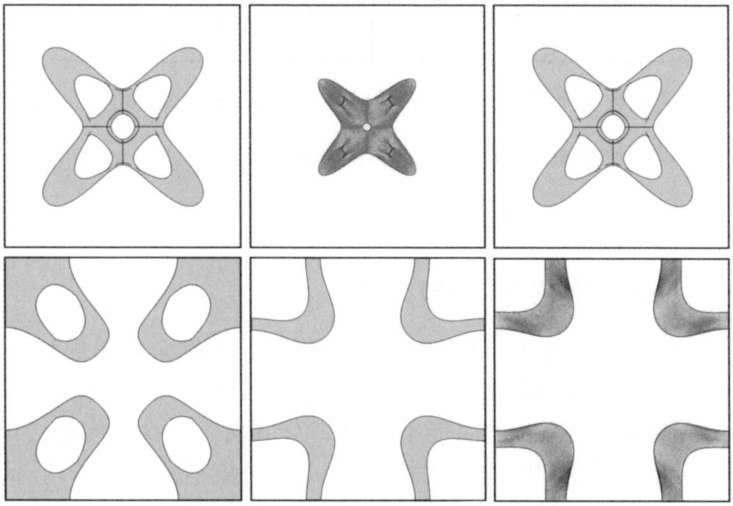

(b)

图 3.9　3 – R$\underline{R}$R 机构的输入相图

(a)(α_4,α_5,α_6)空间的正运动学(红色)和逆运动学(蓝色)奇异点曲面(为了简单起见，只显示了空间的两个 1/8 区域，因为其他 1/8 部分可以通过对称获得。有关该图的动画版本，请参见文献[33])；(b)在不同α_5值下输入相图的切片$\left(\text{从左到右、从上到下}\alpha_5\text{的值依次为} -\frac{\pi}{4}, 0, \frac{\pi}{4}, \frac{\pi}{2}, \frac{3\pi}{4}\text{和}\ \pi\right)$。

必须注意的是，即使在简单的机构中，奇异点集的结构也可能会变得相当复杂。例如，如果在 3 - RRR 机构中，不是将执行器安装在中间关节中，而是安装在机架关节J_1、J_2和J_3中，就得到了 3 - R̲RR 结构，然后用最小阶为 42 的 x_7和y_7中的多项式来描述正运动学奇异点轨迹的定向切片[22]。这类多项式构成了分析奇异点集的宝贵工具，但它们的推导通常需要在直觉的指导下进行相当复杂的操作[23-24,27,34]，这使得这种策略在每个必须分析的新机制中的应用变得复杂。所提出的这个方法与 3 - RR̲R 机构的情况一样，容易计算上述切片(图 3.10)。该方法的优势在复杂度更高的机构中更为明显，如 4.5.4 小节中的机构，其中基于描述多项式的方法很难应用。

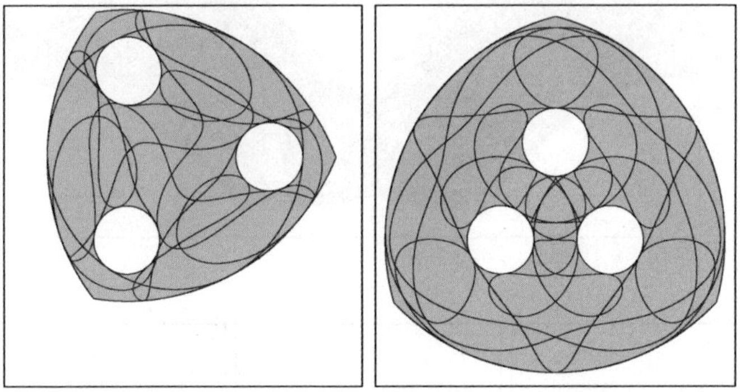

图 3.10　平台角 θ_8固定值下计算的 3 - R̲RR 机构输出相图纵向切片(这里使用了表 3.1 中的参数，值 $\theta_8 = -\frac{\pi}{4}$(左图)和 $\theta_8 = 0$(右图)。$\theta_8 = 0$ 的图与文献[22,32]中的曲线图一致)

3.5.2　Gough - Stewart 平台

Gough - Stewart 平台由一个通过 6 个支链连接到固定机架的移动板组成，每个支链是一个球副 - 移动副 - 万向节链。最常见的设计遵循八面体模式(图 3.11)，但通常支链锚固点可能不同，不一定共面[35]。6 个移动关节为驱动，使其能够独立控制平台的 6 个自由度，其余关节是被动的。自从 Gough、Cappel 和 Stewart 的开创性工作以来(有关本发明历史的回顾详见文献[36])，这种 6 足结构已用于许多应用中，从高性能微纳米定位系统到大型的飞行和驾驶模拟器(图 3.12)。

运动副约束可以按照 3.2 节中的说明来进行表达。我们为 $i = 1 \sim 6$ 的每个支链定义了两个连杆，即机架和移动平台，分别标记为L_1和L_2，以及球关节和万向节的中心点$P_{1,i}$和$P_{2,i}$。假设 O 是绝对坐标系$\mathcal{F}_1$的原点，P 是连接到平台的坐

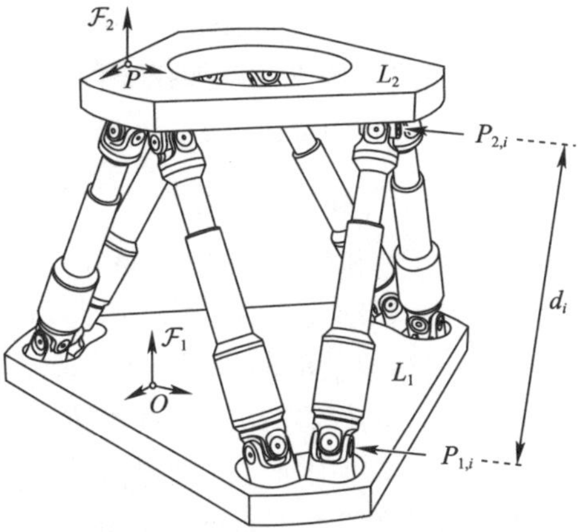

图 3.11　Gough – Stewart 平台

图 3.12　位于日本静冈县裾野市的丰田东富士技术中心的驾驶模拟器(7.1m 的圆顶位于液压 Gough – Stewart 平台上,该平台安装在一个大型 $X-Y$ 偏移系统的顶部。在圆顶内部,有一辆雷克萨斯 LS 车身安装在一个转盘上以及一个 360°投影系统生成的高分辨率驾驶环境)(由丰田汽车公司提供)

标系$\mathcal{F}_2$的原点(图3.11)。通过考虑第i条支链的万向节、移动关节和球关节所施加的约束,即式(3.3)~式(3.7),该支链施加在平台上的约束可以减少为

$$\boldsymbol{r}_p=\boldsymbol{p}_{1,i}+d_i\boldsymbol{d}_i-\boldsymbol{R}_2\boldsymbol{p}_{2,i}^{\mathcal{F}_2} \tag{3.31}$$

$$\|\boldsymbol{d}_i\|^2=1 \tag{3.32}$$

式中:$\boldsymbol{r}_p$、$\boldsymbol{p}_{1,i}$和$\boldsymbol{p}_{2,i}$分别为点P、$P_{1,i}$和$P_{2,i}$的位置矢量;$\boldsymbol{d}_i$为沿第i支链的单位矢量。此外,d_i是支链的长度,表示移动关节的位移。因此,式(2.1)可以通过收集所有支链的式(3.31)和式(3.32)以及$\boldsymbol{R}_2$的式(3.8)~式(3.11)来编写,得到36个变量的30个方程组,其中末端执行器的姿势由($\boldsymbol{r}_p$,$\boldsymbol{R}_2$)表示。此处使用的几何参数在表3.3给出,并与文献[23]中研究的机理相对应。

表3.3 以毫米为单位分析 Gough - Stewart 平台的参数

支链	机架L_1	平台L_2
1	$\boldsymbol{p}_{1,1}^{\mathcal{F}1}=(92.58,99.64,20.10)$	$\boldsymbol{p}_{2,1}^{\mathcal{F}2}=(30.00,73.00,-35.10)$
2	$\boldsymbol{p}_{1,2}^{\mathcal{F}1}=(132.58,30.36,28.45)$	$\boldsymbol{p}_{2,2}^{\mathcal{F}2}=(78.22,-10.52,-23.00)$
3	$\boldsymbol{p}_{1,3}^{\mathcal{F}1}=(40.00,-120.00,31.18)$	$\boldsymbol{p}_{2,3}^{\mathcal{F}2}=(48.22,-62.48,-33.60)$
4	$\boldsymbol{p}_{1,4}^{\mathcal{F}1}=(-46.00,-130.00,3.10)$	$\boldsymbol{p}_{2,4}^{\mathcal{F}2}=(-44.22,-56.48,-25.50)$
5	$\boldsymbol{p}_{1,5}^{\mathcal{F}1}=(-130.00,23.36,13.48)$	$\boldsymbol{p}_{2,5}^{\mathcal{F}2}=(-70.22,-20.52,-34.10)$
6	$\boldsymbol{p}_{1,6}^{\mathcal{F}1}=(-82.58,89.77,8.76)$	$\boldsymbol{p}_{2,6}^{\mathcal{F}2}=(-34.00,45.00,-39.00)$

可以看出,每对支链都形成了一个闭合的机械运动链,但其中只有5条支链是独立的。因此,速度方程可以通过针对5对不同支链的式(3.12)和针对任何支链的式(3.13)来建立。然而,在 Gough - Stewart 平台这样的并联机构中,也可以通过为各支链编写式(3.13)来获得速度方程[15]。在这种情况下,矩阵$\boldsymbol{L}$为

$$\boldsymbol{L}=\begin{bmatrix} -\boldsymbol{I}_{6\times6} & \widehat{\boldsymbol{S}}_1^a & 0 & 0 & 0 & 0 & 0 & \widehat{\boldsymbol{S}}_1^P & 0 & 0 & 0 & 0 & 0 \\ -\boldsymbol{I}_{6\times6} & 0 & \widehat{\boldsymbol{S}}_2^a & 0 & 0 & 0 & 0 & 0 & \widehat{\boldsymbol{S}}_2^P & 0 & 0 & 0 & 0 \\ -\boldsymbol{I}_{6\times6} & 0 & 0 & \widehat{\boldsymbol{S}}_3^a & 0 & 0 & 0 & 0 & 0 & \widehat{\boldsymbol{S}}_3^P & 0 & 0 & 0 \\ -\boldsymbol{I}_{6\times6} & 0 & 0 & 0 & \widehat{\boldsymbol{S}}_4^a & 0 & 0 & 0 & 0 & 0 & \widehat{\boldsymbol{S}}_4^P & 0 & 0 \\ -\boldsymbol{I}_{6\times6} & 0 & 0 & 0 & 0 & \widehat{\boldsymbol{S}}_5^a & 0 & 0 & 0 & 0 & 0 & \widehat{\boldsymbol{S}}_5^P & 0 \\ -\boldsymbol{I}_{6\times6} & 0 & 0 & 0 & 0 & 0 & \widehat{\boldsymbol{S}}_6^a & 0 & 0 & 0 & 0 & 0 & \widehat{\boldsymbol{S}}_6^P \end{bmatrix} \tag{3.33}$$

式中:$\widehat{\boldsymbol{S}}_i^a$为第$i$条支链的移动关节的单位旋量;$\widehat{\boldsymbol{S}}_i^P$为一个6×5的矩阵,其列是该支链的万向节和球关节的单位旋量。然后,速度矢量$\boldsymbol{m}$包含输出旋量的6个分

量、移动关节的 6 个主动速度以及万向节和球关节的 30 个被动关节速度。总之,这是一个 36×42 的矩阵,但是文献[15]中解释的方法允许我们通过消除方程的被动关节速度的方式来减小其大小。该方法在于将对应每条支链的式(3.13)的每一侧与支链的所有被动关节相对的单位旋量相乘。需要注意的是,通常来讲这类旋量是通过万向节和球关节中心的任何零节距旋量(见文献[37]中,5.5.2 节),例如

$$\hat{\boldsymbol{s}}_i^r = \begin{bmatrix} \boldsymbol{d}_i \\ \boldsymbol{d}_i \times \boldsymbol{p}_{1,i} \end{bmatrix} \tag{3.34}$$

通过乘法运算,式(3.13)化简为

$$\hat{\boldsymbol{s}}_i^{r\mathrm{T}} \widehat{\boldsymbol{T}} = \omega_i^a \tag{3.35}$$

式中:ω_i^a为支链 i 的移动关节的速度,因为 $\hat{\boldsymbol{s}}_i^{r\mathrm{T}} \widehat{\boldsymbol{S}}_i^P = 0$ 且$\hat{\boldsymbol{s}}_i^{r\mathrm{T}} \widehat{\boldsymbol{S}}_i^a = 1$。结合所有支链的式(3.35),可以得到以下速度方程,即

$$\boldsymbol{J}^{\mathrm{T}} \widehat{\boldsymbol{T}} = \boldsymbol{m}_v \tag{3.36}$$

式中:$\boldsymbol{J}$ 为一个以单位旋量$\hat{\boldsymbol{s}}_i^r$为列的矩阵;$\boldsymbol{m}_v$包含 6 个ω_i^a。

对于某些构型,给定支链的对偶旋量空间的尺寸可能大于 1。在这种情况下,支链的相应式(3.13)应乘以对偶旋量空间的所有基矢量,从而得出以下形式的速度方程,即

$$\boldsymbol{J}^{\mathrm{T}} \widehat{\boldsymbol{T}} = \boldsymbol{H} \boldsymbol{m}_v \tag{3.37}$$

式中:$\boldsymbol{J}^{\mathrm{T}}$和 $\boldsymbol{H}$ 为行多于列的矩形矩阵。对于 Gough - Stewart 平台,只有当万向节和球关节的旋转空间具有非零交点时,即当球关节的中心位于两个万向节轴的平面内,并且支链是单数时才会发生这种情况。在通常情况下,$\boldsymbol{J}$ 保持平方,$\boldsymbol{H}$ 是单位矩阵,因为选择了$\hat{\boldsymbol{s}}_i^r$,式(3.37)简化为式(3.36),这是速度方程的经典简化版本[38]。

根据式(3.36),可以看到 FIKP 的解涉及 $\boldsymbol{J}$ 的逆,因此正运动学奇异点可以由 $\boldsymbol{J}$ 不满秩的构型来表征。因此,为了计算正运动学奇异点,$\boldsymbol{J}$ 在式(2.7)中作为L_y,得到了比直接从式(3.33)中使用L_y更紧凑的方程组。类似的推理适用于逆运动学奇异点,它可以作为式(2.8)的解用 $\boldsymbol{H}$ 替换$\boldsymbol{L}_z$来计算。在这里假设支链在设计上是永不奇异的,因此这里只计算正运动学奇异点轨迹。

由于是五维的,所以在这种情况下正运动学奇异点轨迹无法直接可视化。但是,可以通过计算其三维切片来进行分析。为了在涉及平台方向时绘制这些切片,在待解方程组中引入了$\boldsymbol{R}_2$的三参数表达式。可以使用任何可能的参数化,包括基于传统欧拉角、倾斜和扭转角或欧拉 - 罗德里格斯参数的参数

化[37,39]。为了便于与文献[23]进行比较,在这里采用了由回转角 ϕ、俯仰角 θ 和偏转角 ψ 提供的参数化,其中

$$\boldsymbol{R}_2=\boldsymbol{R}_z(\psi)\boldsymbol{R}_y(\theta)\boldsymbol{R}_x(\phi)$$

即

$$\boldsymbol{R}_2=\begin{bmatrix} c_\theta c_\psi & s_\phi s_\theta c_\psi-c_\phi s_\psi & c_\phi s_\theta c_\psi+s_\phi s_\psi \\ c_\theta s_\psi & s_\phi s_\theta c_\psi+c_\phi s_\psi & c_\phi s_\theta s_\psi-s_\phi c_\psi \\ -s_\theta & s_\phi c_\theta & c_\phi c_\theta \end{bmatrix}$$

式中:$c_\alpha=\cos\alpha$;$s_\alpha=\sin\alpha$。这些参数的加入在方程中引入了三线性项,但这些项总是可以通过变量的适当变化变成双线性的。

奇异点轨迹的两个切片如图 3.13 所示,其中一个在平台的恒定方向上计算 $\phi=-2°$、$\theta=30°$、$\psi=-87°$,另一个位于平台中 P 点的恒定位置,其位置矢量设置为$\boldsymbol{r}_P=(10,10,10)$。任何通过保持 3 个或更多平台姿态变量不变而获得的其他切片也可以轻松地进行计算。

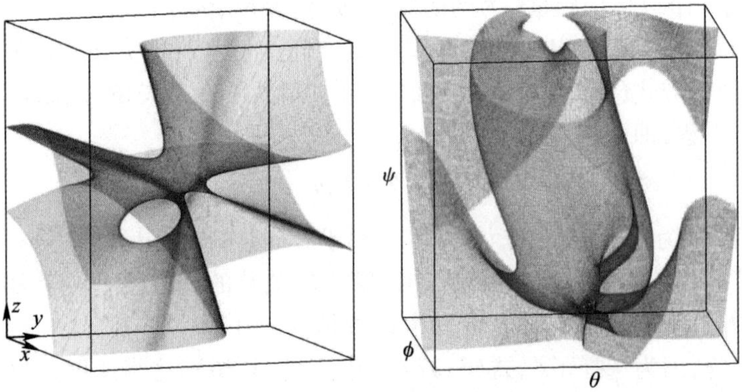

图 3.13 Gough - Stewart 平台的正运动学奇异点(其方向使用 $\phi=-2°$、$\theta=30°$、$\psi=-87°$(左)固定,且点 P 固定在$\boldsymbol{r}_P=(10,10,10)$(右)。位置变量和方向角限制在[-100,100]和[-90°,90°]的范围内。这些表面可以在参考文献[33]中的旋转下看到)

3.5.3 2 自由度双环平面机构

这里使用图 3.14 所示的 2 自由度的机构来说明 6 个更底层奇异点集合中每一个的计算。机构的输入是 A 和 E 处的关节速度,输出是 G 点的速度。通过收集机构的闭环方程,并引入另外两个方程来包括 G 的位置,式(2.1)可表示为

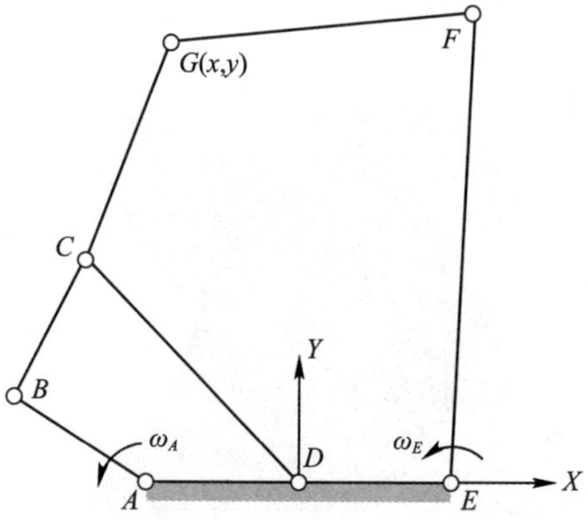

图 3.14　2 自由度平面机构（连杆尺寸为 $AB = AD = BC = DE = 1$，$CD = FG = 2$，$CG = 1.5$ 和 $EF = 3$）

$$
\begin{cases}
\cos\theta_A + \cos\theta_B - 2\cos\theta_D - 1 = 0 \\
\sin\theta_A + \sin\theta_B - 2\sin\theta_D = 0 \\
2\cos\theta_D + \dfrac{3}{2}\cos\theta_C + 2\cos\theta_G - 3\cos\theta_E - 1 = 0 \\
2\sin\theta_D + \dfrac{3}{2}\sin\theta_C + 2\sin\theta_G - 3\sin\theta_E = 0 \\
-x + 2\cos\theta_D + \dfrac{3}{2}\cos\theta_C = 0 \\
-y + 2\sin\theta_D + \dfrac{3}{2}\sin\theta_C = 0
\end{cases}
\tag{3.38}
$$

式中：θ_A、θ_B、θ_C、θ_D、θ_E和θ_G分别为连杆 AB、BC、CG、DC、EF 和 GF 相对于地面的逆时针转角；x 和 y 为点 G 在以 D 为中心的固定参考系中的坐标。在这种情况下，虽然仍可以使用扭环方程，但机构的速度方程可以很容易地通过对与所有变量相关的式(3.38)求微分得到。在任何情况下，通过引入下列变量的变化，编码 6 种奇异点类型的方程组，即写出式(2.12)～式(2.17)并扩展为式(3.20)所需的二次型，即

$$c_\tau = \cos\theta_\tau$$
$$s_\tau = \sin\theta_\tau$$

同时还有对于所有角度的方程，即

$$c_\tau^2 + s_\tau^2 = 1$$

假设机构有两个自由度，其 C 空间是一个曲面，图 3.15 展示了该曲面在 x、y 和θ_A 变量上的投影。该曲面为使用了 3.3 节中介绍的数值方法通过计算式(2.1)的所有解获得的。需要注意的是，通过固定 x、y 和θ_A，点 F 仍有两个可能的位置，因此该投影中的大多数点实际上对应于机构的两种不同构型。只有

E、F 和 G 共线的点代表一个构型，而这些正是表面呈现的两个“孔”的边界。

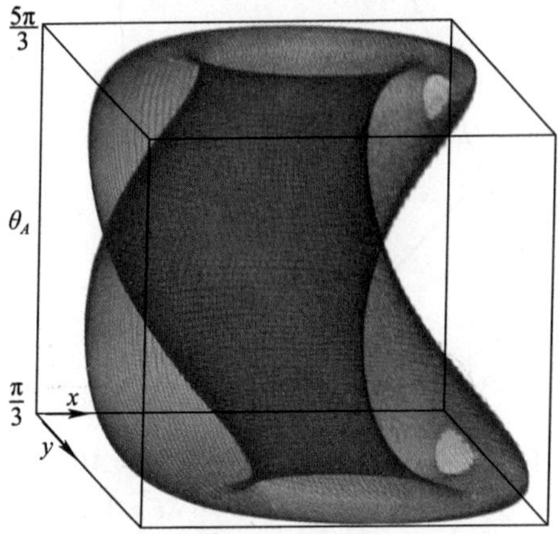

图 3.15　图 3.14 中机构的二维 C 空间、$\sigma=0.1$（可以看到有两个孔，其边界对应于 E、F 和 G 共线的构型）

奇异点集的维数通常低于 C 空间，因此在所有方程组的解集中只能看到曲线或点。图 3.16 和图 3.17 展示了 2.3 节中定义的每种奇异点类型的计算结果，其分别对应投射到输出端和一个输入端（x,y,θ_A）和仅投射到输出端的情况。在图 3.16 中，C 空间以蓝色显示并分为两部分，以便可以看到横截面，但实际上两部分通过 π 和 $-\pi$ 连接，如图 3.15 所示。图 3.17 中的灰色区域代表 G 点所有可达的位置，即机构的工作空间。

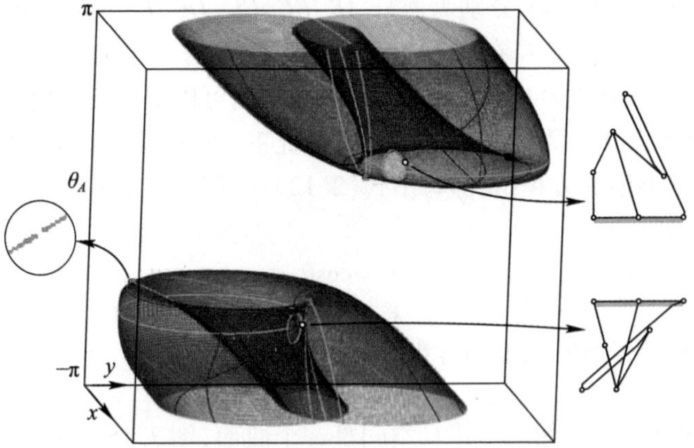

图 3.16　图 3.14 所示机构的奇异构型显示在其 C 空间到 x、y 和 θ_A 变量的投影上（使用不同的颜色来标识遇到的几种奇异点类型：绿线代表 RI 和 IO 类型，红线代表 RO 和Ⅱ类型，橙色代表 RPM 类型）

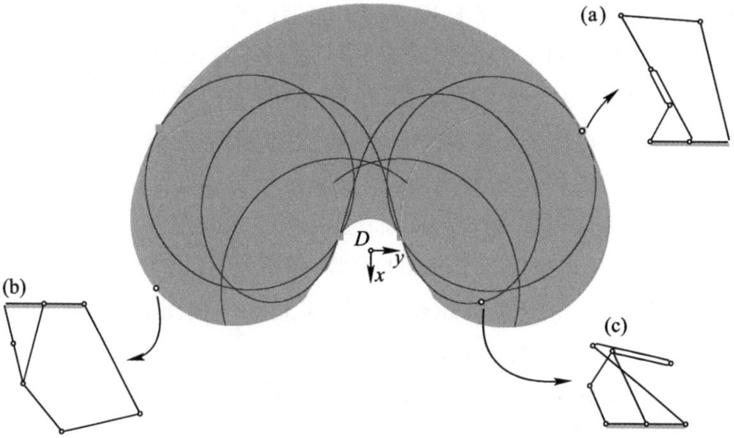

图 3.17 图 3.16 中的相图到 (x,y) 平面的投影
(a) RPM、IO 和 II 类型的奇异点；(b) RI 和 IO 类型的奇异点；(c) RO 和 II 类型的奇异点。

结果表明，这种机构不包含 IIM 类型的构型，且这种奇异点类型的计算没有输出框盒。相反，在这些投影中有 8 个不同的 RPM 型奇异点，它们同 4 个橙色方框一样成对出现，对应于 F 的两个可能位置。以 $(\theta_A,\theta_E,\theta_D)$ 为例，使用不同的投影，8 个框盒是分开显现的(图 3.18)。

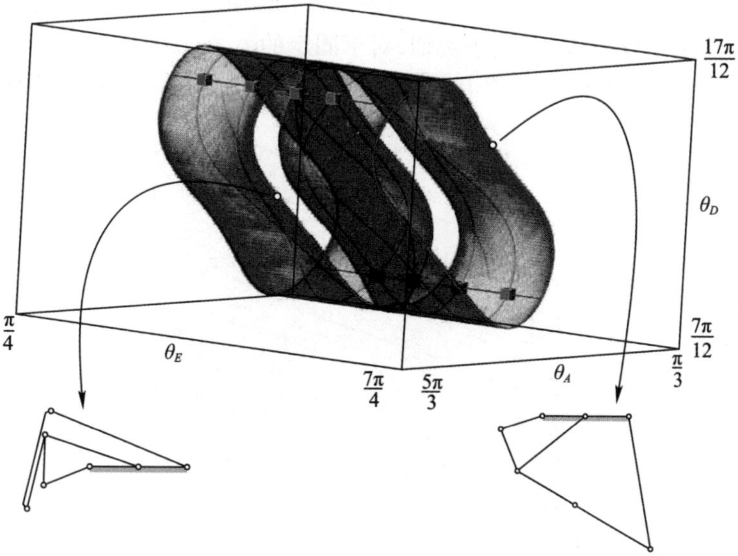

图 3.18 C 空间和计算出的奇异点到 $(\theta_A,\theta_E,\theta_D)$ 空间的投影以及点 C、G 和 F 共线的两种构型(绿色对应 RI 和 IO 类型，红色对应 RO 和 II 类型，橙色对应 RPM 类型。没有 IIM 类型的奇异点)

图3.18中，绿色曲线对应于RI和IO类型的奇异点。在图3.16的投影图中，可以看到这些构型对C空间的两个“孔”进行了轮廓处理。红色曲线对应于同时属于RO和Ⅱ型的构型。尽管RI和IO的曲线似乎处处重合，但仍有一些IO构型不是RI型的情况，Ⅱ和RO奇异点的情况也分别与之相同。这在图3.16中用一个局部放大图来说明，其仅显示计算RI型奇异点的输出。通过适当调整ϵ参数，可以发现RI和RO曲线中的这些间隙与RPM奇异点的位置一致，因此RPM奇异点也属于Ⅱ和IO类型，而不是RI或RO类型。图3.17(a)显示了(RPM,Ⅱ,IO)奇异点的示例，而图3.17(b)和图3.17(c)分别显示了(RI,IO)和(RO,Ⅱ)奇异点的示例。

图3.16中还显示了与点D、B和G共线的构型相对应的黄色曲线。对于固定的x、y和θ_A，点C通常只有一个可能的位置，但在这些构型中有两种可能性。然而，这存在一个例外，当C也与D、B和G共线时，其对应于RPM类型的奇异构型。因此，这些构型以及E、F和G共线的构型允许不同工作模式之间的转换。实际上，黄色曲线的构型与C空间到(x,y,θ_A)空间投影的自交点重合。C空间本身没有自交，因为没有C空间或IIM类型的奇异点，黄色点只是投影图的奇异点。

图3.18和图3.19使用相同的颜色代码分别显示了结果在两个输入角和一个被动关节角$(\theta_A,\theta_E,\theta_D)$的三维空间上以及仅在二维输入空间上的投影。8个RPM奇异点看起来是分开的。与之前类似，对于固定的θ_A、θ_E和θ_D值，一般来说G点仍有两个可能的位置，并且该投影中的几乎所有点都对应机构的两种不同构型。可

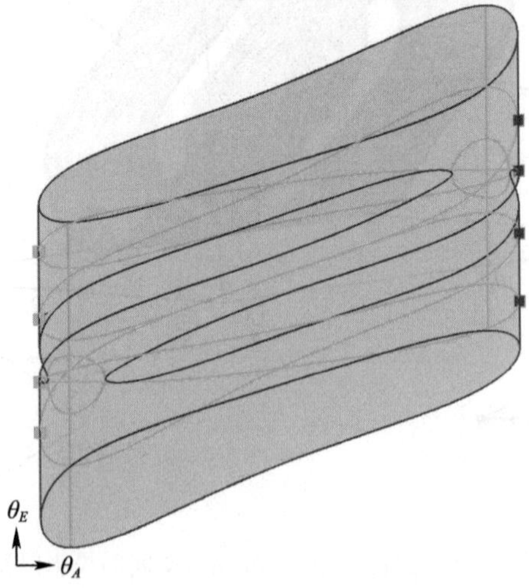

图3.19　图3.18中的曲线到(θ_A,θ_E)空间的投影

以看出，C 空间在这些投影中呈现 4 个“孔”。这 4 个轮廓是由 G、C 和 F 共线的构型组成的，且 G 只存在一种可能。需要注意的是，这些“孔”中没有一个与前一个投影中的孔重合，但是，再次穿过每个曲线允许其在两个不同的工作模式之间过渡。可以将这两种工作模式想象为 C 空间投影曲面的两个“侧面”。为了“到达相反的一侧”，即为了改变工作模式，运动曲线必须“穿过一个孔”。

表 3.4 总结了与所给出示例相关的数值方法的性能数据。

表 3.4　与给出示例相关的性能数据

图	机构	集	切片	d	$N_{eq}-N_{var}$	σ	T	N_{box}
3.8 3.9	3 – RRR	正运动学奇异点	—	2	29 – 31	0.10	817	148473
			$\theta_8=-\pi$	1	28 – 29	0.01	18	2692
			$\theta_8=-\frac{3\pi}{4}$	1	28 – 29	0.01	14	1372
			$\theta_8=-\frac{\pi}{2}$	1	28 – 29	0.01	12	894
			$\theta_8=-\frac{\pi}{4}$	1	28 – 29	0.01	13	1113
			$\theta_8=0$	1	28 – 29	0.01	17	2612
			$\theta_8=\frac{\pi}{4}$	1	28 – 29	0.01	14	1658
			$\alpha_6=-\frac{\pi}{4}$	1	28 – 29	0.01	186	22195
			$\alpha_6=0$	1	28 – 29	0.01	216	10158
			$\alpha_6=\frac{\pi}{4}$	1	28 – 29	0.01	18	22151
			$\alpha_6=\frac{\pi}{2}$	1	28 – 29	0.01	18	23654
			$\alpha_6=\frac{3\pi}{4}$	1	28 – 29	0.01	55	13578
			$\alpha_6=\pi$	1	28 – 29	0.01	53	11950
		逆运动学奇异点	—	2	29 – 31	0.10	316	182560
			$\theta_8=-\pi$	1	28 – 29	0.01	65	9652
			$\theta_8=-\frac{3\pi}{4}$	1	28 – 29	0.01	61	8828
			$\theta_8=-\frac{\pi}{2}$	1	28 – 29	0.01	63	8725
			$\theta_8=-\frac{\pi}{4}$	1	28 – 29	0.01	51	7748
			$\theta_8=0$	1	8 – 29	0.01	49	7419

续表

图	机构	集	切片	d	$N_{eq}-N_{var}$	σ	T	N_{box}
3.8 3.9	$3-R\underline{R}R$	逆运动学奇异点	$\theta_8=\frac{\pi}{4}$	1	28-29	0.01	46	7579
			$\alpha_6=-\frac{\pi}{4}$	1	28-29	0.01	15	6655
			$\alpha_6=0$	2	28-29	0.10	49	106792
			$\alpha_6=\frac{\pi}{4}$	1	28-29	0.01	15	6653
			$\alpha_6=\frac{\pi}{2}$	1	28-29	0.01	18	9851
			$\alpha_6=\frac{3\pi}{4}$	1	28-29	0.01	12	5885
			$\alpha_6=\pi$	2	28-29	0.10	447	170170
3.10	$3-\underline{R}RR$	正运动学奇异点	$\theta=-\frac{\pi}{4}$	1	22-23	0.01	9	9276
			$\theta_8=0$	1	22-23	0.01	15	14548
			$\theta_8=\frac{\pi}{4}$	1	22-23	0.01	10	9335
		逆运动学奇异点	$\theta=-\frac{\pi}{4}$	1	22-23	0.01	59	19906
			$\theta_8=0$	1	22-23	0.01	66	18917
			$\theta_8=\frac{\pi}{4}$	1	22-23	0.01	51	19998
3.13	Stewart平台	正运动学奇异点	固定方向	2	25-27	0.02	79	146420
			固定位置	2	37-39	0.25	2554	195982
3.15～3.19	双环平面机构	C空间		2	12-14	0.10	31	85238
		RI		1	19-20	0.01	12	14903
		RO		1	19-20	0.01	12	12773
		IO	—	1	19-20	0.01	14	14906
		II	—	1	19-20	0.01	13	13062
		RPM	—	0	19-18	0.01	4	8
		IIM	—	0	21-20	0.01	2	0

对于每个集合，指出了数据是指一个切片的计算还是整个集合的计算、集合的维数(d)、定义方程组中的方程数(N_{eq})和变量数(N_{var})、假设的精度阈值(σ)、以秒为单位的计算集合所用的时间(T)以及获得的解盒数(N_{box})。

参考文献

1. B. Sturmfels, *Solving Systems of Polynomial Equations*, vol. 97 (American Mathematical Society, 2002)
2. D. Cox, J. Little, D. O'Shea, *Ideals, Varieties, and Algorithms: An Introduction to Computational Algebraic Geometry and Commutative Algebra*, vol. 10 (Springer, 2007)
3. A. Morgan, *Solving Polynominal Systems Using Continuation for Engineering and Scientific Problems*, vol. 57 (Society for Industrial Mathematics, 2009)
4. T.-Y. Li, Numerical solution of polynomial systems by homotopy continuation methods. *Handbook of Numerical Analysis*, vol. 11 (North-Holland, 2003), pp. 209–304
5. E.L. Allgower, K. Georg, *Introduction to Numerical Continuation Methods* (Society for Industrial and Applied Mathematics (SIAM), 2003)
6. A.J. Sommese, C.W. Wampler, *The Numerical Solution of Systems of Polynomials Arising in Engineering and Science* (World Scientific Publishing, 2005)
7. E.C. Sherbrooke, N.M. Patrikalakis, Computation of the solutions of nonlinear polynomial systems. Comput. Aided Geom. Des. **10**(5), 379–405 (1993)
8. E. Hansen, G.W. Walster, *Global Optimization Using Interval Analysis: Revised and Expanded*, vol. 264 of Pure and Applied Mathematics, 2nd edn. (Marcel Dekker, Inc., 2003)
9. J.M. Porta, L. Ros, F. Thomas, A linear relaxation technique for the position analysis of multiloop linkages. IEEE Trans. Robot. **25**(2), 225–239 (2009)
10. C.W. Wampler, A.J. Sommese, *21st Century Kinematics*, ch. Applying Numerical Algebraic Geometry to Kinematics (Springer, 2013), pp. 125–159
11. M.E. Henderson, *Numerical Continuation Methods for Dynamical Systems: Path Following and Boundary Value Problems*, ch. Higher-Dimensional Continuation (Springer, 2007), pp. 77–115
12. J.G. De Jalón, E. Bayo, *Kinematic and Dynamic Simulation of Multibody Systems* (Springer, 1993)
13. J.M. Porta, L. Ros, F. Thomas, F. Corcho, J. Cantó, J.J. Pérez, Complete maps of molecular-loop conformational spaces. J. Comput. Chem. **28**(13), 2170–2189 (2007)
14. O. Bohigas, M. Manubens, L. Ros, Singularities of non-redundant manipulators: a short account and a method for their computation in the planar case. Mech. Mach. Theory **68**, 1–17 (2013)
15. D. Zlatanov, *Generalized Singularity Analysis of Mechanisms*. PhD thesis, University of Toronto, 1998
16. J.K. Davidson, K.H. Hunt, *Robots and Screw Theory: Applications of Kinematics and Statics to Robotics* (Oxford University Press, 2004)
17. J. Duffy, *Statics and Kinematics with Applications to Robotics* (Cambridge University Press, 1996)
18. J.M. Porta, L. Ros, T. Creemers, F. Thomas, Box approximations of planar linkage configuration spaces. ASME J. Mech. Des. **129**(4), 397–405 (2007)
19. O. Bohigas, D. Zlatanov, L. Ros, M. Manubens, J.M. Porta, A general method for the numerical computation of manipulator singularity sets. IEEE Trans. Robot. **30**(2), 340–351 (2014)
20. N.K. Karmarkar, A new polynomial-time algorithm for linear programming. Combinatorica **4**(4), 373–395 (1984)
21. E.J. Haug, C.-M. Luh, F.A. Adkins, J.-Y. Wang, Numerical algorithms for mapping boundaries of manipulator workspaces. ASME J. Mech. Des. **118**(2), 228–234 (1996)
22. I.A. Bonev, *Geometric Analysis of Parallel Mechanisms*. PhD thesis, Faculté des Sciences et de Génie, Université de Laval, 2002
23. H. Li, C.M. Gosselin, M.J. Richard, B.M. St-Onge, Analytic form of the six-dimensional

singularity locus of the general Gough-Stewart platform. ASME J. Mech. Des. **128**(1), 279–287 (2006)
24. I.A. Bonev, C.M. Gosselin, Analytical determination of the workspace of symmetrical spherical parallel mechanisms. IEEE Trans. Robot. **22**(5), 1011–1017 (2006)
25. M. Zein, P. Wenger, D. Chablat, Singular curves in the joint space and cusp points of 3-RPR parallel manipulators. Robotica **25**(6), 717–724 (2007)
26. E. Macho, O. Altuzarra, C. Pinto, A. Hernandez, *Transitions Between Multiple Solutions of the Direct Kinematic Problem*, eds. by J. Lenarcic, P. Wenger. Advances in Robot Kinematics: Analysis and Design (Springer, 2008), pp. 301–310
27. P. Wenger, D. Chablat, Kinematic analysis of a class of analytic planar 3-RPR parallel manipulators, in *Proceedings of the 5th International Workshop on Computational Kinematics (Duisburg, Germany)* (2009), pp. 43–50
28. The CUIK Project Home Page, http://www.iri.upc.edu/cuik. Accessed 16 Jun 2016
29. Leibniz Universität Hannover, http://www.imes.uni-hannover.de/. Accessed 16 Jun 2016
30. J. Sefrioui, C.M. Gosselin, On the quadratic nature of the singularity curves of planar three-degree-of-freedom parallel manipulators. Mech. Mach. Theory **30**(4), 533–551 (1995)
31. J.-P. Merlet, C.M. Gosselin, N. Mouly, Workspaces of planar parallel manipulators. Mech. Mach. Theory **33**(1–2), 7–20 (1998)
32. I.A. Bonev, C.M. Gosselin, Singularity loci of planar parallel manipulators with revolute joints, in *Proceedings of the 2nd Workshop on Computational Kinematics (Seoul, South Korea)* (2001), pp. 291–299
33. Companion web page of this book, http://www.iri.upc.edu/srm. Accessed 16 Jun 2016
34. B.M. St-Onge, C.M. Gosselin, Singularity analysis and representation of the general Gough-Stewart platform. Int. J. Robot. Res. **19**(3), 271–288 (2000)
35. J.-P. Merlet, *Parallel Robots* (Springer, 2006)
36. I.A. Bonev, The true origins of parallel robots (2003), http://www.parallemic.org. Accessed 26 Dec 2015
37. L.-W. Tsai, *Robot Analysis: The Mechanics of Serial and Parallel Manipulators* (Wiley-Interscience, 1999)
38. K.J. Waldron, K.H. Hunt, Series-parallel dualities in actively coordinated mechanisms. Int. J. Robot. Res. **10**(5), 473–480 (1991)
39. I.A. Bonev, D. Zlatanov, C.M. Gosselin, Advantages of the modified Euler angles in the design and control of PKMs, in *Proceedings of the 3rd Chemnitz Parallel Kinematics Seminar/2002 Parallel Kinematic Machines International Conference (Chemnitz, Germany)* (2002), pp. 171–188

第4章 工作空间求解

本章阐释了如何扩展第2章和第3章中的结论，以获得机构的各种工作空间。对于给定工作空间，阐释了如何通过计算广义奇异点集来寻找其边界，以及如何将奇异点集中的点分为可穿越奇异点或障碍奇异点。最终获得可清晰分辨内外部区域和分隔工作空间的运动障碍的工作空间分布图。

该方法是通用的。事实上，由于工作空间的形状仅取决于底层机构，而与所采用的特定驱动模式无关，因此该方法同样适用于冗余和非冗余机构。本章内容安排如下：首先，回顾本领域发展现状（4.1节），其次，用数学方法描述工作空间的概念，进而推导出能够检测边界点、可穿越奇异点和障碍奇异点的条件（4.2节）。接下来，阐释类似普适的延拓方法的主要局限性（4.3节），并提出了克服这些问题的替代方法（4.4节）。最后，使用该方法分析了几个难以用延拓方法分析的机构（4.5节）。

4.1 研究普适方法的必要性

自对此问题的早期研究[1-5]以来，已经出现了行之有效的工作空间确定方法，但大多只适用于特定的机器人结构或一小类结构。这些方法中较为重要的一类是构造性几何方法，其中比较有代表性的有计算空间并联机构的定向工作空间的方法[6]、扩展为处理其他物理约束的方法[7]、各种平面并联平台专用方法[8]。其他的重要方法有 Gough - Stewart 平台的区间分析或离散化技术[9-10]、完全串联或并联机器人的优化算法[11]、对称球面机构的解析方法[12]以及串联机构的解析、拓扑或代数几何方法[13-17]。

关于该问题的研究有大量文献[11,18-20]，但现有的大多数方法很难适用于他们所研究的类别之外的其他机构，因为这些利用了各结构类别的特殊性，如参数化末端执行器姿态的可能性[13,21]、由维度对称性带来的简化[12]和代数或几何方法的可行性[6-8,13-17]。即使是仅采用构型典例的离散化方法[5,10,22]，也依赖于正运动学或逆运动学问题都具有简单解的假设，而一般情况并不满足这一假设。4.5.4 小节给出了这方面的证明例子。

虽然 ad-hoc 方法是可取的，因为它倾向于产生更快或更简单的算法，但也需要通用机构的方法来分析不存在特定解的机器人。据我们了解，Haug 及其同事所提出的方法是唯一与本书方法普适性相近的方法（见文献[23]和其中的参考文献）。在他们的工作中，Haug 等应用了工作空间边界可以从广义奇异点集中提取的思想，并着力使用延拓方法对这些奇异点进行数值跟踪。该程序是简练的，它可以应用于任何低副机构，但在文献[24]中给出了其重要的缺点：①需要用工作空间形状的先验知识手动指导该方法；②在高维情况下实际只能获得边界的横截面曲线；③当工作空间内存在空隙时，可能会错过一些边界段。不幸的是，由于可能会遇到具有多连杆、隐式障碍或退化障碍的工作空间，届时该方法会产生不完整或误导性的工作空间分布图（4.3 节），所以该方法的性能可能会进一步下降。

4.2 机构的工作空间及其边界

机构的运动能力通常由末端执行器的一组可行性姿态分析来评估，通常称其为机构的工作空间或可得输出集。然而，工作空间的概念是更加笼统的。由于除末端执行器外的其他构型坐标点扫过的区域对于机器人设计者同样有用，包括识别执行器运动范围的输入坐标和能显示与环境碰撞的任何连杆上的点。因此，本章会着力计算n_u坐标的通用元组 $\boldsymbol{u}$ 的可取集合，以此作为机构运动所有可能的构型。需要注意的是，当计算输出坐标的工作空间时，此元组仅和第 2 章同名的元组一致。此外，因为关节机构极限可以极大地改变工作空间形状，故其应和 4.4.1 小节中的阐述一样包含在式（2.1）的表述里。因此，机构的 C 空间将仅包含满足这些限制的 $\boldsymbol{q}$ 点。

$\boldsymbol{u}$ 坐标可选择用 $\boldsymbol{q}$ 表示，也可以不用。然而，总可导出一个含有变量 $\boldsymbol{u}$ 的式（2.1）形式的方程组。因此，若假设 $\boldsymbol{q}$ 包含这些变量，则可通过采用 $\boldsymbol{q}=(\boldsymbol{z},\boldsymbol{u})$ 将式（2.1）写为

$$\boldsymbol{\Phi}(\boldsymbol{z},\boldsymbol{u})=\boldsymbol{0} \tag{4.1}$$

式中：$\boldsymbol{z}$ 为 $\boldsymbol{q}$ 中除 $\boldsymbol{u}$ 外的所有坐标之和，并且方程组对于 $\boldsymbol{u}$ 坐标的工作空间可定义为某些满足公式（4.1）中 $\boldsymbol{z}$ 值的 $\boldsymbol{u}$（$\boldsymbol{u}\in\mathcal{U}$）点的集合 $\mathcal{A}$，其中 $\mathcal{U}$ 为全部 $\boldsymbol{u}$ 矢量

取值的n_u维空间。同样地,设$n_u \leqslant C$空间的维数n,且$\mathcal{A}$是n_u维空间$\mathcal{U}$的一个子集。特别地,如果n_z是$\boldsymbol{z}$的大小,n_e是式(2.1)中等式的数量,则$n_u \leqslant n$意味着$n_z \geqslant n_e$,因此式(4.1)中的方程组通常不会对固定的$\boldsymbol{u}$值过度约束。

虽然总可尝试直接计算$\mathcal{A}$(例如通过利用第3章中的分支修剪法求解公式(4.1)),但是我们仍将研究$\mathcal{A}$的边界,从而发现更多$\mathcal{U}$中关于运动障碍的信息。如果每一个包含$\boldsymbol{u}$的开集$\mathcal{U}$都与$\mathcal{A}$集的内部和外部相交,则存在一点$\boldsymbol{u}$位于$\mathcal{A}$的边界上。$\mathcal{A}$的边界将由$\partial\mathcal{A}$表示。

4.2.1 雅可比矩阵秩亏条件

为了推导出能够识别$\partial\mathcal{A}$的条件,首先观察到工作空间$\mathcal{A}$恰好为$\mathcal{C}$到$\boldsymbol{\pi}_u$的投影,该投影将$\boldsymbol{q}$投影到$\boldsymbol{u}$坐标之中,即

$$\boldsymbol{\pi}_u(\boldsymbol{z},\boldsymbol{u}) = \boldsymbol{u}$$

此外,不难看出,雅可比矩阵

$$\boldsymbol{\Phi}_z(\boldsymbol{q}) = \begin{bmatrix} \dfrac{\partial \Phi_1}{\partial z_1} & \cdots & \dfrac{\partial \Phi_1}{\partial z_{n_z}} \\ \vdots & & \vdots \\ \dfrac{\partial \Phi_{n_e}}{\partial z_1} & \cdots & \dfrac{\partial \Phi_{n_e}}{\partial z_{n_z}} \end{bmatrix}$$

一定是在投射到某个$\boldsymbol{u}(\boldsymbol{u} \in \partial\mathcal{A})$的点$\boldsymbol{q}(\boldsymbol{q} \in \mathcal{C})$处秩亏。需要注意的是,如果$\boldsymbol{\Phi}_z$在点$\boldsymbol{q}[\boldsymbol{q} = (\boldsymbol{z},\boldsymbol{u}) \in \mathcal{C}]$处满秩,便存在一个低阶$n_e \times n_e$的非零矩阵$\boldsymbol{\Phi}_z$。例如,相对于一些变量$\boldsymbol{z}'$,通过隐函数定理能找到将剩余$\boldsymbol{u}'$变量与$\boldsymbol{z}'$相关联的函数$\boldsymbol{z}' = \boldsymbol{F}(\boldsymbol{u}')$,且满足

$$\boldsymbol{\Phi}(\boldsymbol{F}(\boldsymbol{u}'),\boldsymbol{u}') = \boldsymbol{0}$$

因此,包含$\boldsymbol{u}$的$\boldsymbol{u}'$变量可用作$\mathcal{C}$在$(\boldsymbol{z}',\boldsymbol{u}')$的局部参数。这意味着点$\boldsymbol{u}(\boldsymbol{u} \in \mathcal{U})$邻域内的任意值都存在对应的$\boldsymbol{z}$满足$\boldsymbol{\Phi}(\boldsymbol{z},\boldsymbol{u}) = \boldsymbol{0}$,所以$\boldsymbol{u}$必须位于$\mathcal{A}$的内部。显然,对于属于$\partial\mathcal{A}$的$\boldsymbol{u}$来说,$\boldsymbol{\Phi}_z$应该是秩亏的。

在几何上,$\boldsymbol{\Phi}_z$秩亏的点$\boldsymbol{q}(\boldsymbol{q} \in \mathcal{C})$是$\mathcal{C}$向$\mathcal{U}$投影的临界点,即不包含$\mathcal{U}$在$\boldsymbol{u} = \pi_u(\boldsymbol{q})$处切空间$\mathcal{C}$的投影,因此,该机构失去了对于$\boldsymbol{u}$变量的瞬时移动能力(即灵巧性)。由于此结果与2.2.3小节中所得正运动学奇异点与逆运动学奇异点的结果非常相似,所以在本章中,将所有$\mathcal{C}$到$\mathcal{U}$投影的临界点的集合$\mathcal{W}$称为奇异点集。当$\boldsymbol{u}$与输入或输出坐标一致时,集合$\mathcal{W}$将分别包括正运动学奇异点与逆运动学奇异点,也包括由关节处的机构限制造成的机动性损失所对应的其他

点(4.4.1 小节)。

总之,可通过计算 $\mathcal{W}$ 将其投影到变量 $\boldsymbol{u}$ 上,从而获得 $\pi_{\boldsymbol{u}}(\mathcal{W})$ 的结果,进而初步了解工作空间边界的形状。图 4.1(a)说明了当 $\mathcal{Q}$ 为三维空间时的过程,$\mathcal{C}$ 是球体,有

$$x^2+y^2+z^2=1$$

$\mathcal{U}=\mathbb{R}^2$,$\pi_{\boldsymbol{u}}$是 $f(x,y,z)=(x,y)$ 投影映射。工作空间对应的(x,y)坐标是球体到(x,y)平面的投影,投影的边界必为球面上切面投影到$\mathbb{R}^2$线上的点。

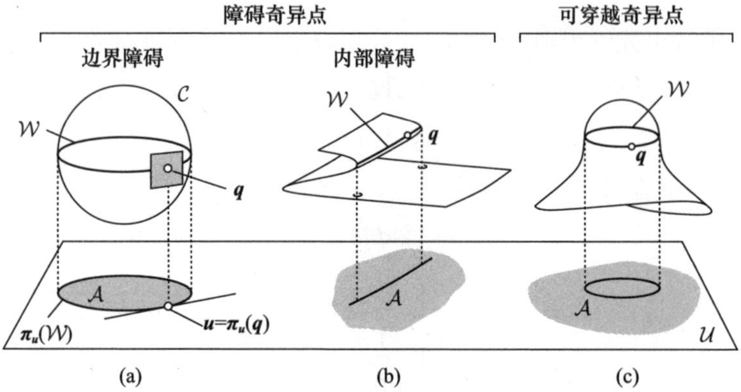

图 4.1 边界障碍奇异点、内部障碍奇异点和可穿越奇异点

然而,从图 4.1(b)和图 4.1(c)中的例子可以发现,$\boldsymbol{\Phi}_z$ 秩亏是 $\pi_u(\boldsymbol{q})$ 位于 $\partial\mathcal{A}$ 的必要条件,但不是充分条件,因为临界点也有可能投射到 $\mathcal{A}$ 的内部。下面提供一种根据 $\mathcal{W}$ 中的点是否实际对应于工作空间中运动障碍来对其进行分类的方法。

4.2.2 障碍规避分析

图 4.1 表明了 $\boldsymbol{\Phi}_z$ 秩亏的 $\boldsymbol{q}$ 点可以分为两大类,即可穿越奇异点或障碍奇异点,这取决于 $\mathcal{C}$ 中是否存在 $\mathcal{U}$ 上投影穿过 $\mathcal{C}$ 中 $\boldsymbol{q}$ 每个邻域 $\pi_{\boldsymbol{u}}(\mathcal{W})$ 的轨迹[19,25]。障碍奇异点根据其出现在 $\partial\mathcal{A}$ 上还是在 $\mathcal{A}$ 的内部可分为边界障碍奇异点和内部障碍奇异点。图 4.2 所示为平面 3R 机械臂中的这些奇异点类型的示例。

如文献[23-25]中所述,工作空间的确定方法应合理地识别出工作空间中所有障碍奇异点,无论是内部障碍奇异点还是边界障碍奇异点,因为这些障碍奇异点构成了 $\boldsymbol{u}$ 变量对应的实际运动障碍。

文献[23]给出了点 $\boldsymbol{q}_0$($\boldsymbol{q}_0=(\boldsymbol{z}_0,\boldsymbol{u}_0)\in\mathcal{W}$)是否对应于障碍或可穿越奇异点

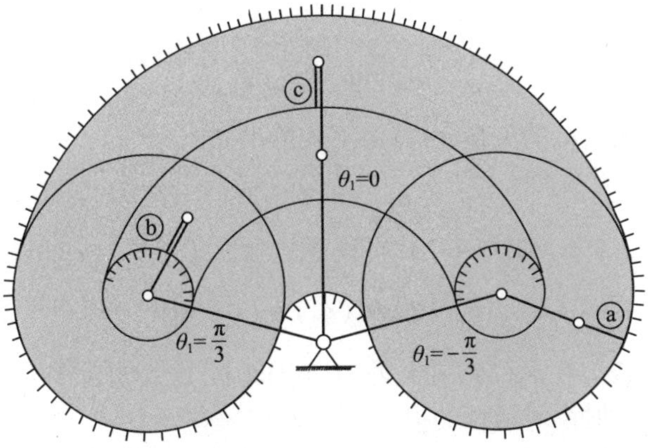

图4.2 对于最后一个连杆尖端(x,y)坐标平面3R臂机构的工作空间,假设第一个旋转关节的角度θ_1被限制在$[-\pi/3,\pi/3]$范围内(与奇异点相对应的点用实线表示,其中与边界和内部障碍奇异点相对应的点用禁止侧的法矢量表示。构型ⓐ和ⓑ及ⓒ分别对应于边界障碍奇异点、内部障碍奇异点和可穿越奇异点)

的判定标准。下面回顾一下它的要点。

假设$\boldsymbol{q}=\boldsymbol{q}(\boldsymbol{v})$是$\boldsymbol{q}_0\in\mathcal{W}$邻域内$\mathcal{C}$的平滑参数,其中$\boldsymbol{\Phi}_{\boldsymbol{q}}(\boldsymbol{q}_0)$是满秩的,$\boldsymbol{v}$是参数数量为$n$的一个元组,对于某一$\boldsymbol{v}_0\in\mathbb{R}^n$有$\boldsymbol{q}_0=\boldsymbol{q}(\boldsymbol{v}_0)$。由于$\boldsymbol{\Phi}_{\boldsymbol{q}}(\boldsymbol{q}_0)$满秩,根据隐函数定理,此参数必然存在[26]。设$\boldsymbol{n}_0$是$\pi_{\boldsymbol{u}}(\mathcal{W})$在$\boldsymbol{u}_0$处的法矢量。对于某些$t=t_0$时所有穿过$\boldsymbol{v}_0$的$\boldsymbol{v}=\boldsymbol{v}(t)$,且其对应路径$\boldsymbol{u}=\boldsymbol{u}(t)$正交于$\boldsymbol{u}_0$处的$\pi_u(\mathcal{W})$的所有局部轨迹,可通过研究下述方程的符号来确定$\boldsymbol{q}_0$是否属于障碍奇异点。

$$\chi(\boldsymbol{v})=\boldsymbol{n}_0^{\mathrm{T}}(\boldsymbol{u}(\boldsymbol{v})-\boldsymbol{u}_0) \tag{4.2}$$

为进行此研究,首先计算$\boldsymbol{n}_0$如下。假设

$$\boldsymbol{q}(t)=(\boldsymbol{z}(t),\boldsymbol{u}(t)) \tag{4.3}$$

是$t=t_0$时$\mathcal{C}$中t参数穿过$\boldsymbol{q}_0=(\boldsymbol{z}_0,\boldsymbol{u}_0)$的任意轨迹。将式(4.3)代入式(4.1),并计算$\boldsymbol{q}=\boldsymbol{q}_0$时该方程的时间导数,得

$$\boldsymbol{\Phi}_{\boldsymbol{u}}(\boldsymbol{q}_0)\dot{\boldsymbol{u}}(t_0)+\boldsymbol{\Phi}_{\boldsymbol{z}}(\boldsymbol{q}_0)\dot{\boldsymbol{z}}(t_0)=0 \tag{4.4}$$

由于$\boldsymbol{q}_0\in\mathcal{W}$,$\boldsymbol{\Phi}_{\boldsymbol{z}}(\boldsymbol{q}_0)$一定是秩亏的,故一定存在非空矢量$\xi_0$满足

$$\boldsymbol{\Phi}_{\boldsymbol{z}}(\boldsymbol{q}_0)^{\mathrm{T}}\boldsymbol{\xi}_0=0 \tag{4.5}$$

将式(4.4)的两边乘以$\boldsymbol{\xi}_0^{\mathrm{T}}$,并代入式(4.5),得

$$\boldsymbol{\xi}_0^{\mathrm{T}}\boldsymbol{\Phi}_{\boldsymbol{u}}(\boldsymbol{q}_0)\dot{\boldsymbol{u}}(t_0)=0 \tag{4.6}$$

由于上述结果适用于 $\pi_u(\mathcal{W})$ 在 $\boldsymbol{u}_0$ 处切空间的所有矢量 $\dot{\boldsymbol{u}}(t_0)$，所以 $\boldsymbol{n}_0$ 可记为

$$\boldsymbol{n}_0=\boldsymbol{\Phi}_u(\boldsymbol{q}_0)^{\mathrm{T}}\boldsymbol{\xi}_0 \tag{4.7}$$

顺便说明，沿着 $\boldsymbol{n}_0$ 的矢量 $\dot{\boldsymbol{u}}(t)$ 由下式给出，即

$$\dot{\boldsymbol{u}}_{n_0}=\boldsymbol{n}_0^{\mathrm{T}}\dot{\boldsymbol{u}}(t_0) \tag{4.8}$$

但是通过式(4.6)和式(4.7)，可得下式独立于 $\mathcal{C}$ 中过 $\boldsymbol{q}_0$ 的既定轨迹 $\boldsymbol{q}(t)$。

$$\dot{\boldsymbol{u}}_{n_0}=\boldsymbol{\xi}_0^{\mathrm{T}}\boldsymbol{\Phi}_u(\boldsymbol{q}_0)\dot{\boldsymbol{u}}(t_0)=0 \tag{4.9}$$

因此，$\dot{\boldsymbol{u}}(t_0)$ 一定位于 $\pi_u(\mathcal{W})$ 在 $\boldsymbol{u}_0$ 处的切空间中，这表明对于 $\boldsymbol{u}$ 变量在 $\mathcal{W}$ 中的所有点都存在机动性/灵活性的损失。

式(4.2)中 $\chi(\boldsymbol{v})$ 的符号可通过 $\chi(\boldsymbol{v})$ 在 $\boldsymbol{v}_0$ 附近的二阶泰勒展开进行研究，即

$$\chi(\boldsymbol{v})\approx\chi(\boldsymbol{v}_0)+\delta\boldsymbol{v}^{\mathrm{T}}\chi_v(\boldsymbol{v}_0)+\frac{1}{2}\delta\boldsymbol{v}^{\mathrm{T}}\boldsymbol{\chi}_{vv}(\boldsymbol{v}_0)\delta\boldsymbol{v}$$

式中：χ_v 和 $\boldsymbol{\chi}_{vv}$ 为 $\chi(\boldsymbol{v})$ 的梯度和 Hessian 阵；$\delta\boldsymbol{v}=(\boldsymbol{v}-\boldsymbol{v}_0)$ 是一个小位移，其对应的 $\delta\boldsymbol{u}=(\boldsymbol{u}-\boldsymbol{u}_0)$ 与 $\pi_u(\mathcal{W})$ 正交。需要注意的是，上面展开式的第一项为零，是因为

$$\chi(\boldsymbol{v}_0)=\boldsymbol{n}_0^{\mathrm{T}}(\boldsymbol{u}_0-\boldsymbol{u}_0)=0$$

此外，在 $\boldsymbol{v}=\boldsymbol{v}(t)$ 处式(4.2)对时间的导数为

$$\dot{\chi}(t)=\boldsymbol{n}_0^{\mathrm{T}}\dot{\boldsymbol{u}}(t)$$

$t=t_0$ 时，根据式(4.8)和式(4.9)可得该值为零。因为 $t=t_0$ 时，对于所有的 $\dot{\boldsymbol{v}}$ 都有 $\dot{\chi}=\chi_v\dot{\boldsymbol{v}}=0$，所以得出结论 $\chi_v(\boldsymbol{v}_0)=0$，这意味着泰勒展开式的第二项也为零。

总之，$\chi(\boldsymbol{v})$ 的符号主要取决于二次型 $\delta\boldsymbol{v}^{\mathrm{T}}\boldsymbol{\chi}_{vv}(\boldsymbol{v}_0)\delta\boldsymbol{v}$ 的正定性。如果是正定或负定二次型，那么所有与 $\pi_u(\mathcal{W})$ 正交的轨迹都位于 $\pi_u(\mathcal{W})$ 的一侧并且 $\boldsymbol{q}_0$ 是障碍奇异点。如果是不定二次型，那么 $\mathcal{A}$ 中有与 $\pi_u(\mathcal{W})$ 交叉的轨迹并且 $\boldsymbol{q}_0$ 是可穿越奇异点。最后，如果是半定二次型，便不能推出奇异点类型，除非进一步检查泰勒展开的高阶项。然而，最后一种情况通常只发生在 $\mathcal{W}$ 的零测度子集上。

正如文献[23]中所阐释的，上述定性测试可以通过检验 $\boldsymbol{\chi}_{vv}(\boldsymbol{v}_0)$ 的特征值来实现。

4.3 延拓方法存在的问题

为了评价本书方法相比于文献[23]中延拓方法的优势，接下来简要回顾一

下这种方法,并指明它无法生成工作空间完整分布图的一些情况。

首先注意到文献[23]中的方法依赖于一维路径的跟踪过程,因此它只能在一维边界上明确地跟踪$\partial\mathcal{A}$,即要求$n_u=2$。图4.3(a)通过一个简单的设置解释了该方法,其中$\mathcal{Q}=\mathbb{R}^3$、$\mathcal{U}=\mathbb{R}^2$,$\mathcal{C}$包含两个连通子集$\mathcal{C}_1$和$\mathcal{C}_2$,它们在工作空间$\mathcal{A}$中的投影包含两个区域。

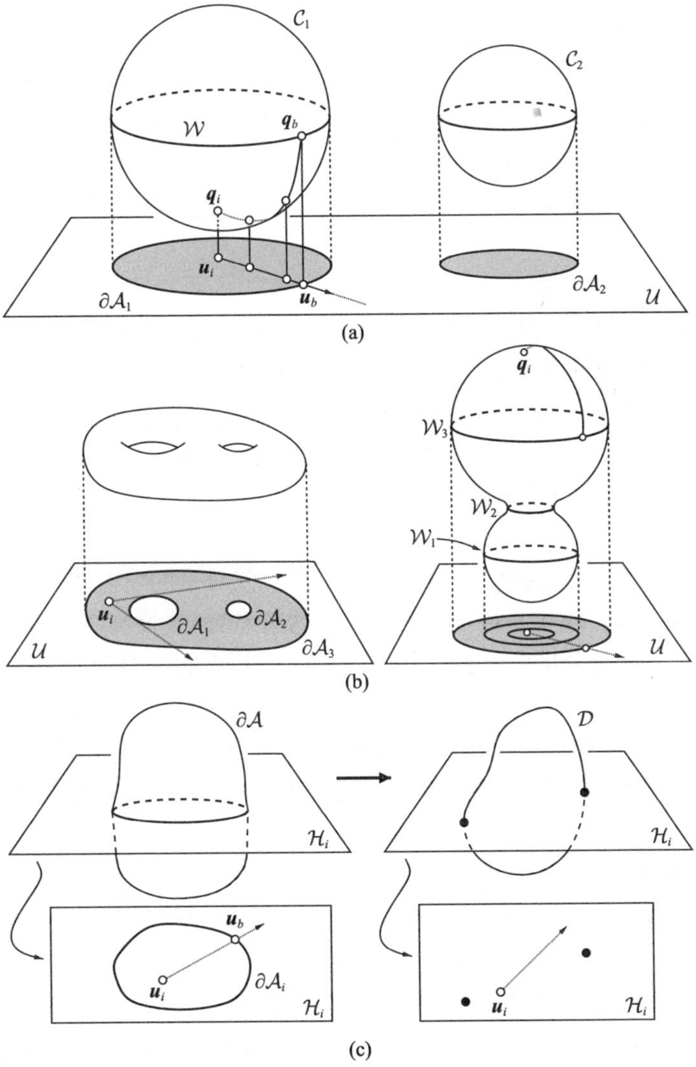

图4.3 延拓方法在多连杆工作空间、隐式障碍和退化障碍中的性能

(a)工作空间;(b)隐式障碍;(c)退化障碍。

该方法从人为指定的机构构型$\boldsymbol{q}_i=(\boldsymbol{z}_i,\boldsymbol{u}_i)$处开始，其中$\boldsymbol{u}_i\in\mathcal{A}$，然后沿着任意方向射出一条穿过$\mathcal{U}$中$\boldsymbol{u}_i$的线，并跟踪这条线直到发现一个障碍奇异点。沿着这条射线的运动是通过延伸$\mathcal{C}$中相应的路径来实现的，即对固定为沿射线的离散值$\boldsymbol{u}$使用Newton - Raphson方法迭代求解$\boldsymbol{\Phi}(\boldsymbol{z},\boldsymbol{u})=\boldsymbol{0}$。重复该过程直至找到$\mathcal{A}$之外的$\boldsymbol{u}$值，这可以通过Newton - Raphson方法无法收敛而判定。进而在此处执行二分法搜索，以找到位于$\mathcal{W}$中的点$\boldsymbol{q}_b$（$\boldsymbol{q}_b\in\mathcal{C}$）。接着从$\boldsymbol{q}_b$开始第二个连续过程，通过求解一个表明$\boldsymbol{\Phi}_z$秩亏的方程组以找到此点可到达的$\mathcal{W}$的连通分量。一旦$\mathcal{W}$被追踪，可通过投影计算$\pi_u(\mathcal{W})$的点，并且最终可以通过上一节所述的方法检测到对应于障碍奇异点或可穿越奇异点的构型。

因为对于分岔来说，基于延拓的路径跟踪方法快速且高效[27]，此方法可在合适的情况下快速确定$\mathcal{W}$。然而，也会遇到此方法无法完全识别$\partial\mathcal{A}$的以下情况。

1）多组件工作空间

以图4.3(a)所示为例，当在存在多个连通分量的工作空间中计算$\partial\mathcal{A}$时，就会出现困难。需要注意的是，因为射线的跟踪不能继续延拓到$\partial\mathcal{A}_1$之外，所以前面的过程肯定会找到$\partial\mathcal{A}_1$，但无法找到$\partial\mathcal{A}_2$，这与射线选择的方向无关。为了收敛到所有的边界曲线，先前的方法需要给定$\mathcal{C}$中每个连通分量的至少一个点，但是目前还没有合适的方法来计算这些点。

2）隐式障碍

延拓法看似至少能够计算出$\boldsymbol{q}_i$所属工作空间分量的所有障碍，但情况并非总是如此。特别地，$\mathcal{W}$本身可能存在多个连通分量，即使找到所有沿着可能方向的射线，但有些此类分量也可能由于$\boldsymbol{u}_i$位置的不同而丢失。例如，在图4.3(b)的左侧，延拓法或许能根据$\boldsymbol{u}_i$找到$\partial\mathcal{A}_1$和$\partial\mathcal{A}_3$，但不能找到$\partial\mathcal{A}_2$，因为$\partial\mathcal{A}_2$隐式在$\partial\mathcal{A}_1$后面。如图4.3(b)所示，存在内部屏障的工作空间也会出现这种问题。从$\boldsymbol{q}_i$开始的延拓到达$\mathcal{W}_3$对应的边界障碍，但不能到达$\mathcal{W}_1$和$\mathcal{W}_2$对应的内部障碍，因此而忽略了位于工作空间内部的真正障碍。

3）退化障碍

当$\partial\mathcal{A}$维数大于1时，可通过文献[23]中的方法用超平面$\mathcal{H}_i$对$\partial\mathcal{A}$进行切片而获得一维延拓法可追踪的一维曲线$\partial\mathcal{A}_i$（图4.3(c)的左图）。然而，在特殊的几何结构中，$\partial\mathcal{A}$的一部分可以退化成低维屏障$\mathcal{D}$，使切片只包含孤立的点（图4.3(c)的右图）。在这种情况下，此方法显然会错过低维障碍，因为射线发射方法无法使其找到任何可能的一个障碍，这与$\boldsymbol{u}_i$的位置无关。

从4.5节将看到，多组件工作空间、隐式障碍和退化障碍的例子很容易发生在真实的机构中，因此，需要研究一种鲁棒的替代方法来应对这种情况。接下来根据4.2节的结果提出这样一种鲁棒的通用方法。

4.4 基于分支修剪法的工作空间求解

本书提出的方法同样使用了第3章的数值方法。首先,将关节极限建模为等式约束(4.4.1小节),然后,推导出表征集合 $\mathcal{W}$ 的二次方程组(4.4.2小节),最后,计算出具有足够分辨率的 $\mathcal{W}$ 的一组近似值,以便将该集合的点分为边界障碍、内部障碍和可穿越奇异点(4.4.3小节)。

4.4.1 关节极限约束

虽然通常用不等式来描述关节处的机械极限,但此处将使用等式约束来描述它们,因为这样可以直接应用4.2.1小节的雅可比秩亏条件来获得工作空间的边界。有两种极限需要处理,即涉及角度约束的极限和涉及距离约束的极限,分别用于模拟转动关节和移动关节,而在其他关节类型中也可能会遇到这两种极限的组合。

按照3.2节的公式,令 L_j 和 L_k 代表由一个转动关节 J_i 连接的两个连杆。定义 L_j 和 L_k 间的相对角度 ϕ_i 为两个单位矢量 $\boldsymbol{k}_i$ 和 $\boldsymbol{n}_i$ 之间的角度,这两个单位矢量 $\boldsymbol{k}_i$ 和 $\boldsymbol{n}_i$ 正交于 J_i 轴,分别随 L_j 和 L_k 刚性移动。假设希望把 ϕ_i 限制在下述区间中,即

$$\phi_i \in [-\phi_i^l, \phi_i^l]$$

为避免使用二次方程,不在公式中直接引入 ϕ_i,而是通过设置 $\cos\phi_i \geqslant \cos\phi_i^l$ 间接约束 ϕ_i 的极限。特别地,如果 $c_i = \cos\phi_i$,那么 c_i 可通过下式与 $\boldsymbol{k}_i$ 和 $\boldsymbol{n}_i$ 相联系,即

$$c_i = \boldsymbol{k}_i^{\mathrm{T}} \boldsymbol{n}_i \tag{4.10}$$

此外,$\boldsymbol{k}_i$ 和 $\boldsymbol{n}_i$ 在 $\mathcal{F}_j$ 和 $\mathcal{F}_k$ 上,这意味着

$$\boldsymbol{k}_i = \boldsymbol{R}_j \boldsymbol{k}_i^{\mathcal{F}_j} \tag{4.11}$$

$$\boldsymbol{n}_i = \boldsymbol{R}_k \boldsymbol{n}_i^{\mathcal{F}_k} \tag{4.12}$$

因此,为了限制 ϕ_i,可以简单地将式(4.10)~式(4.12)连同下式添加到要求解的方程组中,即

$$c_i = t_i^2 + \cos\phi_i^l \tag{4.13}$$

式中:t_i 为新的辅助变量,可以取任意值(图4.4的左图)。当且仅当满足 $\phi_i \in [-\phi_i^l, \phi_i^l]$ 约束时,t_i 存在使式(4.13)成立的值。

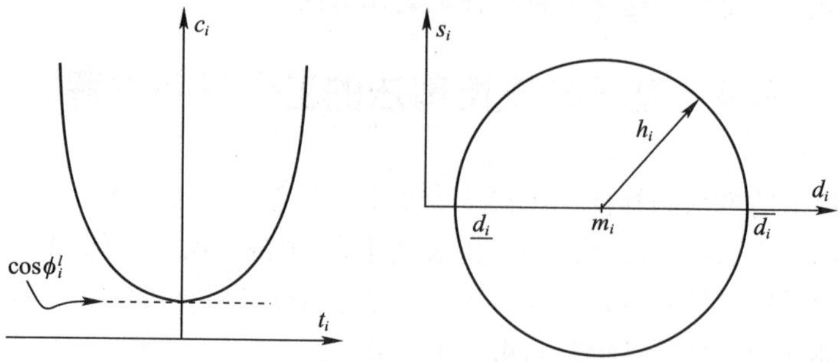

图 4.4 实施关节角度和距离限制的辅助约束

同样的方程也可以用来限制万向节和球铰的角度,其中矢量 $\boldsymbol{k}_i$ 和 $\boldsymbol{n}_i$ 可如图 4.5所示进行选择。

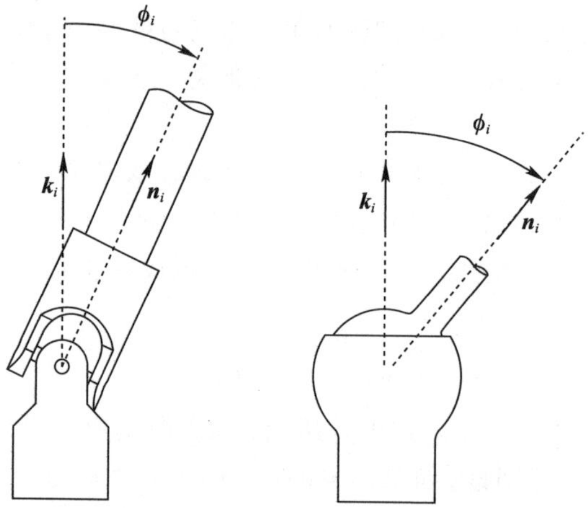

图 4.5 用于求解万向节和球铰机械极限的两个矢量

如果 L_j 和 L_k 通过移动关节 J_i 连接,关节的位移 d_i 为方程组中的变量。在这种情况下,假设希望将 d_i 限制在下述区间内,即

$$d_i \in [\underline{d_i}, \overline{d_i}]$$

为此,可通过构建下式来施加此约束,即

$$(d_i - m_i)^2 + s_i^2 = h_i^2 \tag{4.14}$$

式中:s_i 为新定义的辅助变量,且

$$m_i = \frac{\overline{d_i} + \underline{d_i}}{2}, h_i = \frac{\overline{d_i} - \underline{d_i}}{2}$$

变量m_i和h_i称为区间$[\underline{d_i},\overline{d_i}]$的中点和半幅，式(4.14)仅约束运动副$(d_i,s_i)$取$(d_i,s_i)$平面中以$(m_i,0)$为中心半径为$h_i$的圆上的值(图4.4的右图)。因此，当且仅当$d_i \in [\underline{d_i},\overline{d_i}]$时，存在使式(4.14)满足的某些$s_i$值。

若将模拟关节极限的方程引入式(2.1)中，使变量t_i和s_i成为$\boldsymbol{q}$的一部分，便得到一个新方程组，根据此极限其解集将包含可行构型。

4.4.2 广义奇异点集方程

为了获得描述$\mathcal{W}$的方程组，根据$\boldsymbol{u}$变量是显式出现在$\boldsymbol{q}$中还是仅由$\boldsymbol{q}$中一些变量隐式确定而将其分为两种情况。4.5节将用具体例子说明这两种情况。在所有情况下，假设式(2.1)中的装配约束已按照3.2节进行设定，连杆的姿态表示为$(\boldsymbol{r}_j,\boldsymbol{R}_j)$，其中$\boldsymbol{r}_j$和$\boldsymbol{R}_j$分别包含连杆上一点的笛卡儿坐标和连杆给定方向旋转矩阵的分量。特别地，由于加到关节极限模拟的方程是二次的，故式(2.1)的次数也是二次的。

1. 处理显式工作空间变量

在最初假设中$\boldsymbol{q}$明确包含$\boldsymbol{u}$。这通常发生在位置工作空间中，即当$\boldsymbol{u}$包含某些$\boldsymbol{r}_j$的部分或全部变量时。通过划分$\boldsymbol{q}=(\boldsymbol{z},\boldsymbol{u})$，$\mathcal{W}$是$\boldsymbol{\Phi}_z$秩亏时满足$\boldsymbol{\Phi}(\boldsymbol{z},\boldsymbol{u})=\boldsymbol{0}$的点集，即对于某些$\boldsymbol{\xi}$满足下式的$\boldsymbol{q}$的点集，即

$$\begin{cases}\boldsymbol{\Phi}(\boldsymbol{z},\boldsymbol{u})=\boldsymbol{0}\\ \boldsymbol{\Phi}_z^{\mathrm{T}}\boldsymbol{\xi}=\boldsymbol{0}\\ \boldsymbol{\xi}^{\mathrm{T}}\boldsymbol{\xi}=1\end{cases} \tag{4.15}$$

式中：$\boldsymbol{\xi}$为未知的n_e维矢量。若$n_u<n$，将$\boldsymbol{\Phi}_z$转置，使其为列数大于行数的长方矩阵。显然，式(4.15)中的第一个方程式将$\boldsymbol{q}$约束为一个不违背关节极限的有效构型，而第二个和第三个方程式迫使$\boldsymbol{\Phi}_z$秩亏。由于式(2.1)是二次的，所以式(4.15)也是二次的，因为$\boldsymbol{\Phi}_z$中所有项将是线性的且$\boldsymbol{\xi}^{\mathrm{T}}\boldsymbol{\xi}$直接为二次表达式。因此，在这种情况下描述$\mathcal{W}$的方程组采用了式(4.15)的形式。

2. 处理隐式工作空间变量

在某些情况下，所选的$\boldsymbol{u}$变量并不都与$\boldsymbol{q}$相关，而通过形如下式的平滑函数与$\boldsymbol{q}$中变量$n_{\tilde{u}}$的子集$\tilde{\boldsymbol{u}}$相关联，即

$$\tilde{\boldsymbol{u}}=\boldsymbol{\mu}(\boldsymbol{u}) \tag{4.16}$$

例如，当$\boldsymbol{u}$包含某个连杆的方向角时就会发生这种情况。由于装配约束的公式可通过旋转矩阵表示方向(3.2.1小节)，故方位角仅与所考虑的特殊正交群SO(2)或SO(3)(取决于机构是平面的还是空间的)参数化所获得$\boldsymbol{R}_j$的分量

隐式相关。在这种情况下,为了将式(2.1)转换成式(4.1)的形式,可以考虑以下分块,即

$$\boldsymbol{q}=(\tilde{\boldsymbol{z}},\tilde{\boldsymbol{u}})$$

并细分式(2.1)为两个子方程组

$$\begin{cases}\boldsymbol{\Psi}(\tilde{\boldsymbol{z}},\tilde{\boldsymbol{u}})=\boldsymbol{0}\\ \eta(\tilde{\boldsymbol{u}})=\boldsymbol{0}\end{cases}\tag{4.17}$$

式中:$\eta(\tilde{\boldsymbol{u}})=\boldsymbol{0}$ 为方程的子方程组,其解集可由式(4.16)进行全局参数化,而 $\boldsymbol{\Psi}(\tilde{\boldsymbol{z}},\tilde{\boldsymbol{u}})=\boldsymbol{0}$ 则为等式的剩余方程组。因为 $\tilde{\boldsymbol{u}}=\mu(\boldsymbol{u})$ 使 $\eta(\tilde{\boldsymbol{u}})=0$ 的解集参数化,所以 $\eta(\tilde{\boldsymbol{u}})=\boldsymbol{0}$ 可以由式(4.17)中的 $\tilde{\boldsymbol{u}}=\mu(\boldsymbol{u})$ 代替,从而得到等价方程组,即

$$\begin{cases}\boldsymbol{\Psi}(\tilde{\boldsymbol{z}},\tilde{\boldsymbol{u}})=\boldsymbol{0}\\ \tilde{\boldsymbol{u}}=\mu(\boldsymbol{u})\end{cases}\tag{4.18}$$

它现在明确地包含了 $\boldsymbol{u}$。因此,在这种情况下式(4.1)采用式(4.18)的形式,其中 $z=(\tilde{\boldsymbol{z}},\tilde{\boldsymbol{u}})$ 且

$$\boldsymbol{\Phi}(z,\boldsymbol{u})=\begin{bmatrix}\boldsymbol{\Psi}(\tilde{\boldsymbol{z}},\tilde{\boldsymbol{u}})\\ \tilde{\boldsymbol{u}}-\mu(\boldsymbol{u})\end{bmatrix}\tag{4.19}$$

所以,$\mathcal{W}$ 将是满足对某一 $\boldsymbol{\Phi}_z$ 秩亏的式(4.18)的 $\boldsymbol{q}=(z,\boldsymbol{u})$ 点的点集。

现在需要注意的是,根据式(4.19)的形式,$\boldsymbol{\Phi}_z$ 具有分块结构,即

$$\boldsymbol{\Phi}_z=\left[\begin{array}{c:c}\boldsymbol{\Psi}_{\tilde{z}} & \boldsymbol{\Psi}_{\tilde{u}}\\ \hdashline \boldsymbol{0} & \boldsymbol{I}_{n_{\tilde{u}}\times n_{\tilde{u}}}\end{array}\right]$$

因此,当且仅当其左上块 $\boldsymbol{\Psi}_{\tilde{z}}$ 是秩亏时 $\boldsymbol{\Phi}_z$ 是秩亏的。即对于某些 $\tilde{\boldsymbol{\xi}}$,$\mathcal{W}$ 可描述为满足下式条件的 $\boldsymbol{q}=(\tilde{\boldsymbol{z}},\tilde{\boldsymbol{u}},\boldsymbol{u})$ 点的点集,即

$$\begin{cases}\boldsymbol{\Psi}(\tilde{\boldsymbol{z}},\tilde{\boldsymbol{u}})=0\\ \tilde{\boldsymbol{u}}=\mu(\boldsymbol{u})\\ \boldsymbol{\Psi}^{\mathrm{T}}_{\tilde{z}}\tilde{\boldsymbol{\xi}}=0\\ \tilde{\boldsymbol{\xi}}^{\mathrm{T}}\tilde{\boldsymbol{\xi}}=1\end{cases}\tag{4.20}$$

式中：$\tilde{\boldsymbol{\xi}}$ 为大小合适的新矢量。

虽然现可通过求解式(4.20)来分离 $\mathcal{W}$，但 $\mu(\boldsymbol{u})$ 通常会引入三角函数项，从而使解变得复杂。幸运的是，由于 $\tilde{\boldsymbol{u}}=\mu(\boldsymbol{u})$ 将 $\eta(\tilde{\boldsymbol{u}})=\boldsymbol{0}$ 的解集参数化，且 $\boldsymbol{u}$ 变量只与式(4.20)的第二个方程有关，所以可利用式(4.20)中的 $\eta(\tilde{\boldsymbol{u}})=\boldsymbol{0}$ 来代替 $\tilde{\boldsymbol{u}}=\mu(\boldsymbol{u})$，从而得到等价方程组，即

$$\begin{cases}\boldsymbol{\Psi}(\tilde{z},\tilde{\boldsymbol{u}})=\boldsymbol{0}\\ \eta(\tilde{\boldsymbol{u}})=\boldsymbol{0}\\ \boldsymbol{\Psi}^{\mathrm{T}}_{\tilde{z}}\tilde{\boldsymbol{\xi}}=\boldsymbol{0}\\ \tilde{\boldsymbol{\xi}}^{\mathrm{T}}\tilde{\boldsymbol{\xi}}=1\end{cases}\tag{4.21}$$

在第3章阐释的装配约束公式下，$\boldsymbol{\Psi}(\tilde{z},\tilde{\boldsymbol{u}})$ 和 $\eta(\tilde{\boldsymbol{u}})$ 都是二次的，这意味着式(4.21)也将是二次的。因此，在这种情况下，$\mathcal{W}$ 可以用式(4.21)来表征。

4.4.3 工作空间的数值求解与边界识别

如4.4.2小节所述，式(4.15)和式(4.21)都可写成一个二次方程组，因此它们同样可以用3.3节中描述的数值方法求解。为了构造一个限定其解集的初始框盒，只需考虑以下几点。

(1) 因为 c_i 变量代表某个角度的余弦值，故其只可取[1,1]范围内的值。

(2) t_i 变量的取值范围可设为 $[0,\sqrt{1-\cos\phi_i^l}]$（图4.4的左图）。

(3) s_i 变量的范围可设为 $[0,h_i]$（图4.4的右图）。

(4) 作为单位矢量，$\boldsymbol{k}_i$ 和 $\boldsymbol{n}_i$ 的分量被约束在区间[-1,1]内。

因此，该方法将提供一个严格围绕方程组解集的框盒集合 B。通过 B 可轻易获得奇异集 $\mathcal{W}$ 的框盒近似值 $B^{\mathcal{W}}$。若 B 是通过求解式(4.15)而得到的，那么 $\boldsymbol{z}$ 和 $\boldsymbol{u}$ 作为方程组中一部分变量显式介入，且 B 中的每个框盒沿 $\boldsymbol{q}=(\boldsymbol{z},\boldsymbol{u})$ 维度存在确定的范围。此范围在 $\boldsymbol{q}$ 空间中定义了一个围绕 $\mathcal{W}$ 点的框盒，且所有此类框盒的集合直接形成 $B^{\mathcal{W}}$。若 B 是由式(4.21)得到的，则 $\boldsymbol{u}$ 变量不介入方程组变量。然而，对于 B 中的每个框盒，可考虑沿 $\tilde{\boldsymbol{u}}$ 变量的范围，并由区间或线性松弛技术求解 $\tilde{\boldsymbol{u}}=\mu(\boldsymbol{u})$ 以推导 $\boldsymbol{u}$ 变量的相应范围[28-29]。

一旦获得 $B^{\mathcal{W}}$，就需判断 $\mathcal{W}$ 中围绕 $B^{\mathcal{W}}$ 的点是否对应于边界障碍、内部障碍或可穿越奇异点。如图4.6所示，此判断过程分两个阶段进行。

在第一阶段，根据 $B^{\mathcal{W}}$ 的框盒是否包含障碍或可穿越奇异点来对其进行分

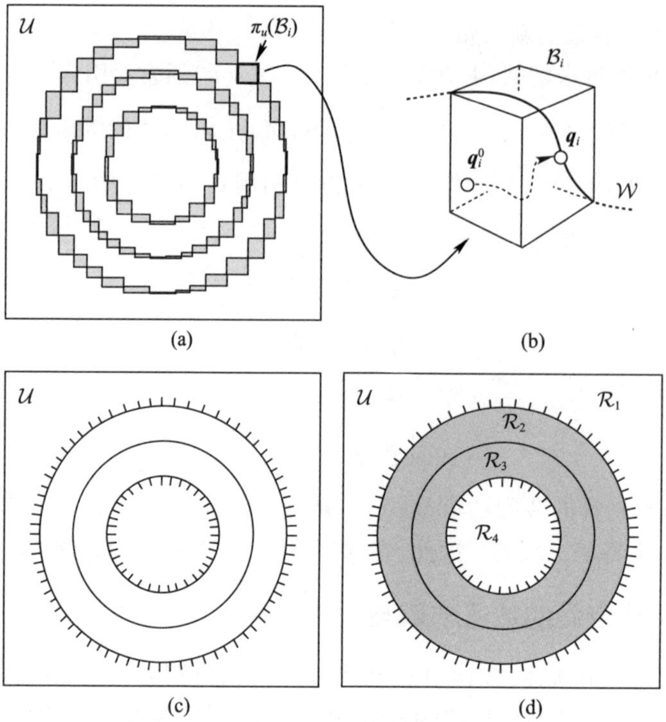

图 4.6　边界识别过程

(a) $\mathcal{W}$ 投影到 $\mathcal{U}$ 的框盒近似；(b) $\boldsymbol{q}_i \in \mathcal{W}$ 对每个框盒 $\mathcal{B}_i$ 的计算；(c) 将 $\pi_u(\mathcal{W})$ 点分类为障碍或可穿越奇异点；(d) $\pi_u(\mathcal{W})$ 将 $\mathcal{U}$ 细分并区分内部(灰色)和外部(白色)区域。

类。对于每个框盒 $\mathcal{B}_i \in B^{\mathcal{W}}$(图 4.6(a))，计算一点 $\boldsymbol{q}_i \in \mathcal{W}$(图 4.6(b))，并将 4.2.2 小节中回顾的障碍确定方法用于该点。根据不同情况，通过使用从 $\mathcal{B}_i$ 内任意点 $\boldsymbol{x}_i^0$ 处取的点 $\boldsymbol{q}_i^0$ 为初值开始的 Newton - Raphson 方法来求解式(4.15)或式(4.21)以计算 $\boldsymbol{q}_i$。若 $\mathcal{B}_i$ 内的点足够接近 $\mathcal{W}$，则可通过取足够小的 σ 阈值计算 $B^{\mathcal{W}}$ 来保证(3.3.3 小节)，那么该方法一定二次收敛到某点 $\boldsymbol{q}_i \in \mathcal{W}$。获得的 $\boldsymbol{q}_i$ 奇异点类型(障碍或可穿越奇异点)可认为是 $\mathcal{B}_i \cap \mathcal{W}$ 中所有点的奇异点类型的估计，因此，对 $B^{\mathcal{W}}$ 中所有框盒重复使用该方法后，可将 $\mathcal{W}$ 细分为具有单一奇异点类型的子集。当 $\boldsymbol{u}_i = \pi_u(\boldsymbol{q}_i)$ 处指向障碍禁止侧的法矢量被提取出来(图 4.6(c))时，则 $\boldsymbol{q}_i$ 是障碍奇异点。

在第二阶段，确定前一阶段中计算的障碍点 $\boldsymbol{q}_i$ 是对应于边界障碍还是内部障碍。为此，$\pi_u(\mathcal{W})$ 将 $\mathcal{U}$ 细分为几个区域，即 $\mathcal{R}_1, \cdots, \mathcal{R}_{n_r}$，其中每个区域都完全位于 $\mathcal{A}$ 的内部或外部，当且仅当两相邻区域之一位于 $\mathcal{A}$ 的外部时，障碍点 $\boldsymbol{u}_i$ 将位于 $\partial\mathcal{A}$。因此，确定哪个障碍点 $\boldsymbol{u}_i$ 对应于边界障碍可归结为检查区域 $\mathcal{R}_1, \cdots,$

$\mathcal{R}_{n_r}$是在 $\mathcal{A}$ 的内部还是外部。可通过在区域中选择一个点 $\boldsymbol{u}_j$，并求解 $\boldsymbol{\Phi}(z,\boldsymbol{u}_j)=\mathbf{0}$ 来确定区域$\mathcal{R}_j$的类型，这同样可用第 3 章中提出的数值方法来完成。若 $\boldsymbol{\Phi}(z,\boldsymbol{u}_j)=\mathbf{0}$ 至少存在一个解，那么$\mathcal{R}_j$是内部区域；否则它是外部区域。

虽然 $\boldsymbol{\Phi}(z,\boldsymbol{u}_j)=\mathbf{0}$ 求解复杂，但没有必要将此判断过程应用于全部区域，因为区域的类型通常可由以下规则确定：

(1) 若 $\boldsymbol{u}$ 只包含末端执行器的位置坐标，那么外部区域必然在 $\mathcal{A}$ 的外部，因为末端执行器实际只能到达一组有界位置；

(2) 边界包含可穿越奇异点的区域$\mathcal{R}_j$可标记为内部，因为$\mathcal{R}_j$包含通过该奇异点进入$\mathcal{R}_j$的轨迹；

(3) 边界包含障碍点$\boldsymbol{u}_i$且其法矢量从$\mathcal{R}_j$指向外部的区域$\mathcal{R}_j$也可标记为内部，因为这样的障碍表明在 $\mathcal{C}$ 中存在投影于$\mathcal{R}_j$内部的可行轨迹。

例如，在图 4.6(d)中，若 $\boldsymbol{u}$ 只包含位置坐标，这些观测使我们将$\mathcal{R}_1$识别为外部区域，将$\mathcal{R}_2$和$\mathcal{R}_3$识别为内部区域。只有$\mathcal{R}_4$的类型需通过检查该区域的一点来消除歧义。

4.5 实例探究

为了强调该方法的通用性，需同时遇到 4.3 节中描述的多组件工作空间、隐式障碍和退化障碍的情况。因此，本节以几个具有代表性的平面和空间机构为例进行计算。如第 3 章所述，所有的计算均使用并行化的方法，使用 CUIK SUITE 库在 C 语言中实现[30]。算法在 Xeon 处理器的网格计算机上执行，该计算机能够并行 160 线程。表 4.1 总结了求解系统的大小和与求解问题相关的主要性能数据。

表 4.1　与所给出的示例相关的性能数据

图	机构	工作空间	分割	d	$N_{eq}-N_{var}$	σ	T	N_{box}
4.8	双蝶形	可达空间	—	1	29 - 30	0.1	255	14611
4.10	Gough - Stewart	固定方向	—	2	17 - 19	0.01	236	558535
			$z=4.95$	1	17 - 18	0.01	1	2337
			$z=5$	1	17 - 18	0.01	1	2312
			$z=5.10$	1	17 - 18	0.01	1	2260
			$z=5.12$	1	17 - 18	0.01	2	2275
			$z=5.145$	1	17 - 18	0.01	1	2305
			$z=5.30$	1	17 - 18	0.01	1	2335

续表

图	机构	工作空间	分割	d	$N_{eq}-N_{var}$	σ	T	N_{box}
4.12	3 - UPS/S	方向	—	2	24 - 26	0.03	1020	1021804
4.13			$\sigma=-30°$	1	23 - 24	0.1	2	700
						0.01	8	5184
4.15	Agile Rye, $k=0$	方向	—	1	24 - 26	0.01	1133	159246
	Agile Rye, $k=\pi/36$		—	2	24 - 26	0.05	508	111910
4.16	Agile Rye, $k=\pi/12$		—	2	24 - 26	0.05	563	177522
	Agile Rye, $k=\pi/6$		—	2	24 - 26	0.05	602	232461
4.18	15 链接	位置	—	1	47 - 48	0.1	647	10312
4.19			—	1	47 - 48	0.1	627	9810

对于每个示例,我们指出它是需要计算整个工作区的边界和内部屏障,还是仅计算特定部分的边界和内部屏障。我们还指出了集合 $\mathcal{W}$ 的维数(d)、定义该集合的方程(N_{eq})和变量(N_{var})的数量、假设的精度阈值(σ)、计算集合所用的时间(以秒为单位)(T)以及方法返回的解框的数量(N_{box})

4.5.1 多组件工作空间

为了给出一个多组件工作空间的实例,将本方法应用于求解平面移动三双蝶式机构的可达空间(图 4.7)。这种机构的一个版本经常用来比较一般位置分析方法的性能[31-33],但还没有具体的方法来计算其可达工作空间的边界和内部障碍。

在这个例子中,假设末端执行器是图 4.7 中的左上部分,其位姿由 P 的位置矢量和角度为 θ_1 的 2×2 旋转矩阵确定。另外,安装两个滑动关节使长度 l_5 和 l_7 可以在区间[11,13]和[10,12]内变化。图 4.7 中的参数采用与文献[31-33]中相同的数值,即

$$a_0=7,\quad a_1=7,\quad a_2=5,\quad b_0=13,\quad b_1=6,$$

$$b_2=3,\quad l_3=7,\quad l_4=9,\quad a_6=3,\quad b_6=2,$$

$$\gamma_0=36.87°,\quad \gamma_1=22.62°,\quad \gamma_2=53.13°,\quad \gamma_6=36.87°$$

其中:γ_i 为线段 a_i 和 b_i 间的锐角。对于这种机构,式(4.1)可以使用以下等式表示。

(1) 三封闭链机构,通过 l_7 离开机架,通过 l_4、l_3 和 l_5 返回机架,使这 3 个封闭链闭合的公式为[32]

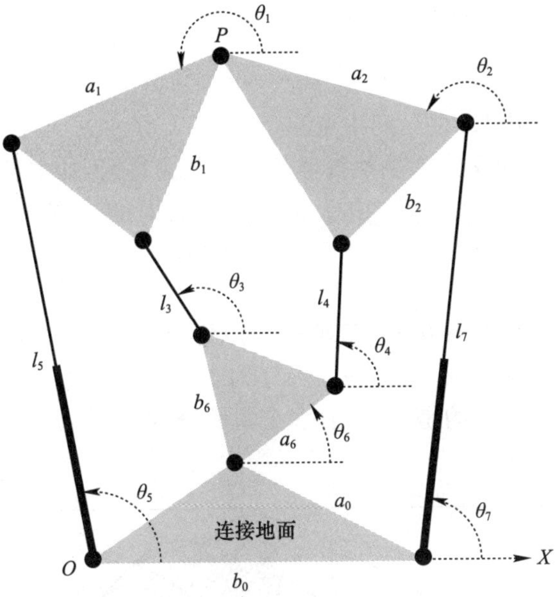

图4.7 具有可变长度l_5和l_7的平面双蝶形机构（固定坐标系以 O 为中心，X 轴方向如图所示，并且所有的角度θ_i都是相对于该轴测量的）

$$0 = l_7c_7 + b_2c_2c_{\gamma2} - b_2s_2s_{\gamma2} - l_4c_4 - a_6c_6 + a_0c_{\gamma0}$$

$$0 = l_7c_7 + b_2s_2c_{\gamma2} + b_2c_2s_{\gamma2} - l_4s_4 - a_6s_6 - a_0s_{\gamma0}$$

$$0 = l_7c_7 + a_2c_2 + a_1c_1 - l_5c_5 + b_0$$

$$0 = l_7s_7 + a_2s_2 + a_1s_1 - l_5s_5$$

$$0 = l_7c_7 + a_2c_2 + b_1c_1c_{\gamma1} - b_1s_1s_{\gamma1} - l_3c_3 - b_6c_6c_{\gamma6} + b_6s_6s_{\gamma6} + a_0c_{\gamma0}$$

$$0 = l_7s_7 + a_2s_2 + b_1s_1c_{\gamma1} + b_1c_1s_{\gamma1} - l_3s_3 - b_6s_6c_{\gamma6} - b_6c_6s_{\gamma6} - a_0s_{\gamma0}$$

式中：$c_{\gamma i}$和$s_{\gamma i}$分别为γ_i的正弦值和余弦值；c_i和s_i分别为θ_i的正弦值和余弦值。

（2）提供 P 相对于固定坐标系 OXY 的 x 和 y 坐标的方程，有

$$\begin{cases} x = b_0 + l_7c_7 + a_2c_2 \\ y = l_7s_7 + a_2s_2 \end{cases}$$

（3）限制c_i和s_i的圆方程，即

$$c_i^2 + s_i^2 = 1$$

(4) l_5和l_7的关节极限约束,即

$$(l_i - m_i)^2 + t_i^2 = h_i^2$$

式中:m_i和h_i分别为l_5和l_7的区间中点和半幅。

可达工作空间定义为末端执行器的可达位置集合,如本例中的 P。因此,对于该工作空间,$\boldsymbol{u} = (x, y)$,由于 x 和 y 在前面的方程中是显式的,属于式(4.15)的情形。此外,由于$n_u = 2$,在一般情况下,可达工作空间的边界是一维的。

图 4.8 展示了所提出方法计算的$\pi_u(\mathcal{W})$框盒近似值,根据机构的不同装配方式划分了 3 个工作区域。图 4.9 显示了对于 3 个区域之一应用边界识别算法的识别结果。需要注意的是,由于有多个封闭链,使用文献[23]中的方法很难完全规划出工作空间。

图 4.8 图 4.7 机构可到达工作空间的集合$\pi_u(\mathcal{W})$的框盒近似值

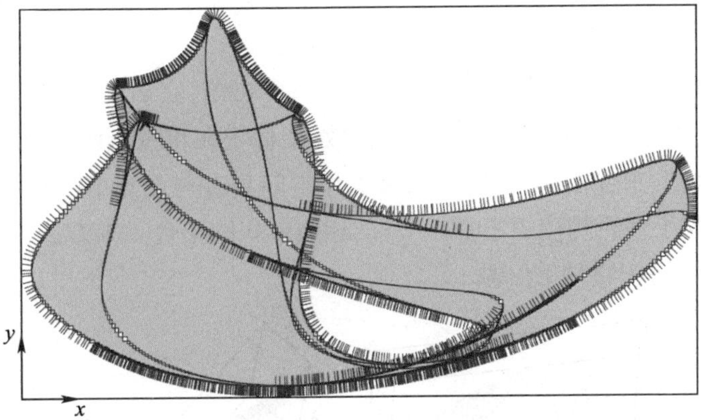

图4.9　对图4.8中一条曲线应用4.4.3小节障碍分析方法得到的结果
(和图4.2和图4.6(d)使用相同的约定)

4.5.2　隐式障碍

为验证带有隐式障碍的工作空间,将该方法应用于 Gough - Stewart 平台(图3.11)。对于任何工作空间确定方法来说,该机构都是一个具有挑战性的测试案例。该平台的整体工作空间是六维的,边界是五维的,这阻碍了对其进行详尽计算的尝试。因为这个原因,也因为六维集合不能直接在三维空间中可视化,对这一工作空间的理解可以通过低维子集实现,案例如下。

(1) 恒定方向工作空间,即针对固定平台方向而言,点 P 可达到的位置集合[6,34]。

(2) 恒定位置工作空间,即针对固定的点 P 位置,所有可达的平台方向[10,35-37]。

(3) 可达工作空间,即点 P 至少通过一个平台方向可到达的位置集合[38-39]。

上述工作空间都可以通过所提出的方法计算,使用适当的 $\boldsymbol{u}$ 变量并将其他变量固定为给定值。作为示例,接下来计算文献[6]中研究的恒定方向工作空间。

式(4.1)可以用3.5.2小节中的公式表示。这里,因为我们在计算恒定方向工作空间,则平台的旋转矩阵$\boldsymbol{R}_2$为恒定且已知的。而且,由于d_i的长度被限制在区间$[\underline{d_i},\overline{d_i}]$中,必须为系统添加方程,即

$$(d_i - m_i)^2 + t_i^2 = h_i^2 \tag{4.22}$$

式中:$i=1,\cdots,6$;m_i和h_i为区间$[\underline{d_i},\overline{d_i}]$的中点和半幅。如果参考点 P 的位置矢

量是$\boldsymbol{r}_P=(x,y,z)$，则有$\boldsymbol{u}=(x,y,z)$，这样$\boldsymbol{u}$显式相关于$\boldsymbol{q}$。因此，系统特征$\mathcal{W}$即可采用式(4.15)的形式表达。

图4.10给出了$\pi_u(\mathcal{W})$框盒近似值的三维视图，它描述的是整体的伞状表面。计算过程是基于表4.2中设定的参数、$\boldsymbol{R}_2$固定在单位矩阵上以及$[\underline{d_i},\overline{d_i}]=[453.5,504.5]$下完成的。事实上，该工作空间具有与图4.10对称的附加连通空间，它对应于该机构中P扫描$z<0$的相似体积的集合。本方法得到的所有结果都与文献[6]中得到的一致。

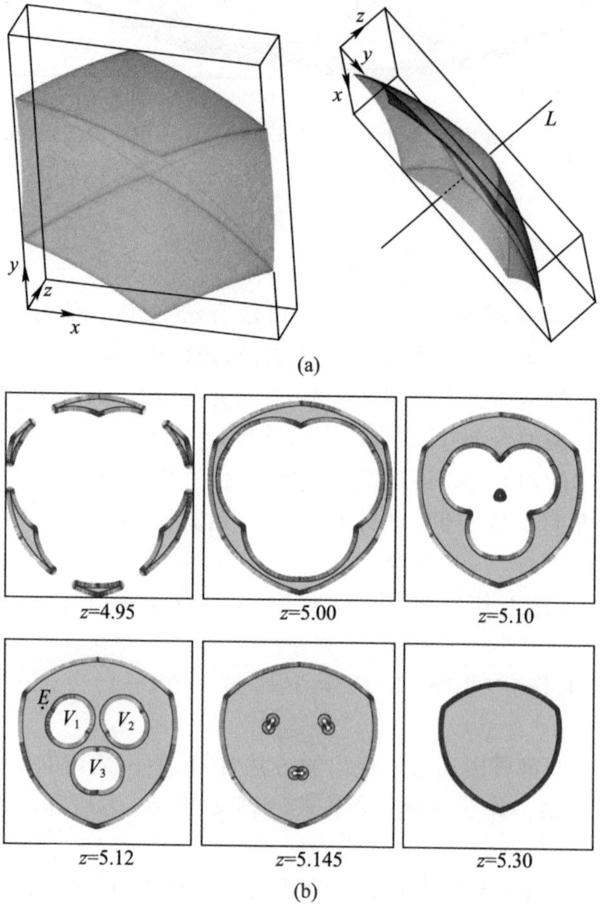

图4.10　$\pi_u(\mathcal{W})$框盒近似值的三维视图

(a) Gough－Stewart平台的恒定方向工作空间边界的两个视图(框盒是半透明的，以便更好看清形状)；(b)不同z值的工作空间的切片(在这种情况下，本例中$\mathcal{W}$的所有点都归类为障碍奇异点)。

表 4.2 文献[6]中研究的 Gough - Stewart 平台的参数

杆	基底L_1	平台L_2
1	$p_{1,1}^{\mathcal{F}1}=(92.58, 99.64, 23.10)$	$p_{2,1}^{\mathcal{F}2}=(30.00, 73, -37.10)$
2	$p_{1,2}^{\mathcal{F}1}=(132.58, 30.36, 23.10)$	$p_{2,2}^{\mathcal{F}2}=(78.22, -10.52, -37.10)$
3	$p_{1,3}^{\mathcal{F}1}=(40.00, -130.00, 23.10)$	$p_{2,3}^{\mathcal{F}2}=(48.22, -62.48, -37.10)$
4	$p_{1,4}^{\mathcal{F}1}=(-40.00, -130.00, 23.10)$	$p_{2,4}^{\mathcal{F}2}=(-48.22, -62.48, -37.10)$
5	$p_{1,5}^{\mathcal{F}1}=(-132.58, 30.36, 23.10)$	$p_{2,5}^{\mathcal{F}2}=(-78.22, -10.52, -37.10)$
6	$p_{1,6}^{\mathcal{F}1}=(-92.58, 99.64, 23.10)$	$p_{2,6}^{\mathcal{F}2}=(-30.00, 73.00, -37.10)$

为更好地了解封闭体形状,图 4.10 绘制了常数为 z 的$\pi_u(\mathcal{W})$的切片,表示边界识别方法的结果。显然,很难通过延拓方法计算出这样的切片[23],因为许多切片存在多重边界和隐式障碍,这使 4.3 节中描述的射线方法无法应用。例如,如果射线从 $z=5.12$ 切片上的 E 点射出,则无法触及空隙 V_2 和 V_3 的边界。虽然在文献[34]中确实能够使用文献[23]中的方法计算$\pi_u(\mathcal{W})$,但它们是通过定义这个集合的特定切片做到这一点的,这些切片是由过图 4.10 所示的直线 L 的平面来切割伞状曲面得到的。这种方案避免了在每个切片中出现内部空隙,但是显然依赖于结果的先验知识。

4.5.3 退化障碍

由于定义方程的复杂性,方向工作空间是最难以计算和表示的[10,36-37,40]。这里,将用球面并联机构来说明如何获取这样的工作空间,因为这种机构的工作空间存在 4.3 节中提到的退化障碍,而且用文献[23]中的方法无法识别。这些例子摘自文献[12]并且对应于熟知的三自由度球面平行机构:图 4.11(a)和图 4.11(b)中描述的 3 - UPS/S 和 3 - RRR 平台。它们都为定向机构,其移动平台可以通过驱动支链关节相对于以 O 为原点的底座旋转。接下来计算它们的方位工作空间,并使用文献[12]中的分析方法验证结果。

需要注意的是,为了推导式(4.1),无论选择何种机构,每条支链都对移动平台施加相同的约束。例如,在 3 - UPS/S 平台中,根据设计,d_i被限制在某个区间$[\underline{d_i}, \overline{d_i}]$内取值,其中$OP_{1,i}$和$OP_{2,i}$间的角度被限制在某个范围$[\underline{\alpha_i}, \overline{\alpha_i}]$内。在 3 - RRR平台中,由于关节极限或支链极限角度,$OP_{1,i}$和$OP_{2,i}$间的角度也被限制在某个范围$[\underline{\alpha_i}, \overline{\alpha_i}]$内。因此这两种设计在运动学上是等效的。此外,3 - UPS/S 机构可以通过指定 3 个锚点获得该平台的重合点,并锁定相应的支链而作为 Gough - Stewart平台的特例。因此,对于 3 - UPS/S 和 3 - RRR 设计,式(4.1)可以如前述章节一样表述,但需假设 $P=O$,且固定坐标系和移动坐标系都以 O 为原点。

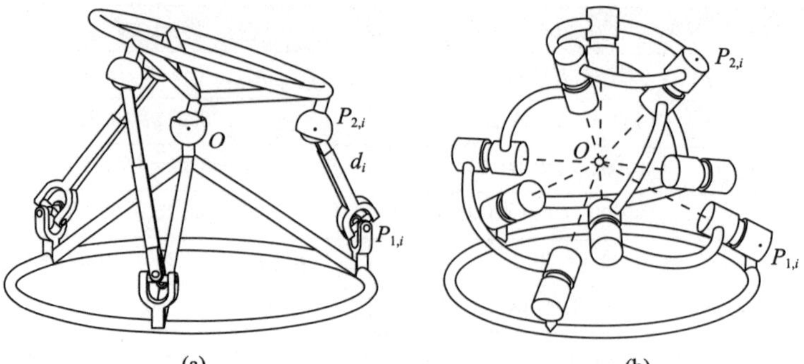

图 4.11 3-UPS/S 和 3-RRR 球形平台[12]

一般来说,方向工作空间定义为平台的 3 个方向角的一组可能的值。尽管有多组欧拉角可以使用,这里还是采用文献[12]中假设的方位角(ϕ)、倾斜角(θ)和扭转角(σ)来简化结果比较过程。利用这些角度可得

$$\boldsymbol{R}_2 = \boldsymbol{R}_z(\phi)\boldsymbol{R}_y(\theta)\boldsymbol{R}_z(\gamma)$$

式中:$\gamma = \sigma - \phi$。因此,$\boldsymbol{R}_2$的各列为

$$\boldsymbol{r}_1 = \begin{bmatrix} \cos\phi\cos\theta\cos\gamma - \sin\phi\sin\gamma \\ \sin\phi\cos\theta\cos\gamma + \cos\phi\sin\gamma \\ -\sin\theta\cos\gamma \end{bmatrix} \tag{4.23}$$

$$\boldsymbol{r}_2 = \begin{bmatrix} -\cos\phi\cos\theta\sin\gamma - \sin\phi\sin\gamma \\ -\sin\phi\cos\theta\sin\gamma + \cos\phi\cos\gamma \\ \sin\theta\sin\gamma \end{bmatrix} \tag{4.24}$$

$$\boldsymbol{r}_3 = \begin{bmatrix} \cos\phi\sin\theta \\ \sin\phi\sin\theta \\ \cos\theta \end{bmatrix} \tag{4.25}$$

在前述约定下,Bonev 和 Gosselin 定义了方向工作空间作为一组使

$$\boldsymbol{u} = (\phi, \theta, \sigma)$$

可以到达的可能的角度值[12]。可见,此时 $\boldsymbol{u}$ 与 $\boldsymbol{q}$ 并不显式相关,但是使用式(4.23)~式(4.25),它可能和

$$\tilde{\boldsymbol{u}} = (\boldsymbol{r}_1, \boldsymbol{r}_2, \boldsymbol{r}_3)$$

有关。因此,在这种情况下,$\eta(\tilde{\boldsymbol{u}})=\boldsymbol{0}$ 由式(3.8)~式(3.11)给出,并且 $\boldsymbol{\Psi}(\tilde{\boldsymbol{z}}, \tilde{\boldsymbol{u}})=\boldsymbol{0}$ 由式(3.31)、式(3.32)和式(4.22)组成,其中

$$\tilde{\boldsymbol{z}} = (\boldsymbol{d}_1, \boldsymbol{d}_2, \boldsymbol{d}_3, d_1, d_2, d_3, t_1, t_2, t_3)$$

总的来说,式(4.21)包含39个变量中的37个,并且工作空间的边界应当是二维的。

接下来给出一个特例,假设具有和文献[12]中相同的对称条件,也就是说,$P_{1,i}$和$P_{2,i}$位于以 O 为中心的单位球面上,其位置矢量分别为

$$\begin{bmatrix} \cos\left((i-1)\dfrac{2\pi}{3}\right)\sin\beta_1 \\ \sin\left((i-1)\dfrac{2\pi}{3}\right)\sin\beta_1 \\ -\cos\beta_1 \end{bmatrix}, \begin{bmatrix} \cos\left((i-1)\dfrac{2\pi}{3}\right)\sin\beta_2 \\ \sin\left((i-1)\dfrac{2\pi}{3}\right)\sin\beta_2 \\ -\cos\beta_2 \end{bmatrix}$$

且对所有的 i 设置$[\underline{\alpha_i}, \overline{\alpha_i}] = [\underline{\alpha}, \overline{\alpha}]$。图4.12所示为这些值的$\pi_u(\mathcal{W})$框盒近似值。

$$\beta_1 = 45°, \beta_2 = 35°, \underline{\alpha} = 20°, \overline{\alpha} = 130°$$

这些参数对应于文献[12]中分析的一种情况,它们为这些机构提供了$\pi_u(\mathcal{W})$的恒定扭转切片。正如预期的那样,$\pi_u(\mathcal{W})$是(θ, ϕ, σ)空间中的一个面,通过使用返回框盒的相邻关系,表明该面仅包含一个连通区域。图4.13(a)显示了图4.12所示表面 $\sigma = 30°$处的切片,以及在该切片上确定的障碍。在极坐标中绘制本方法得到的结果曲线和内部区域,可以发现与文献[12]中的结果是一致的(图4.13(b))。

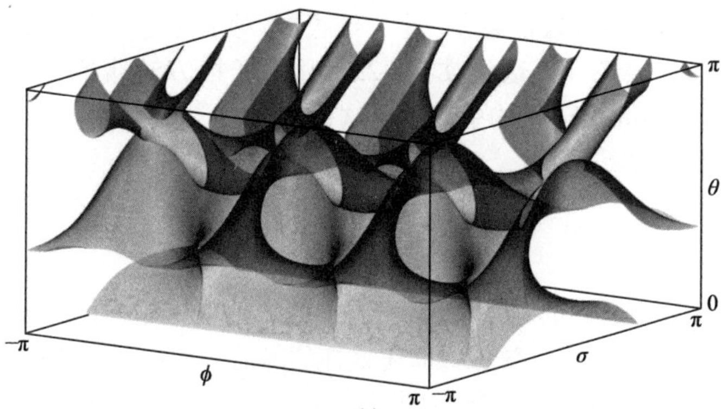

(a)

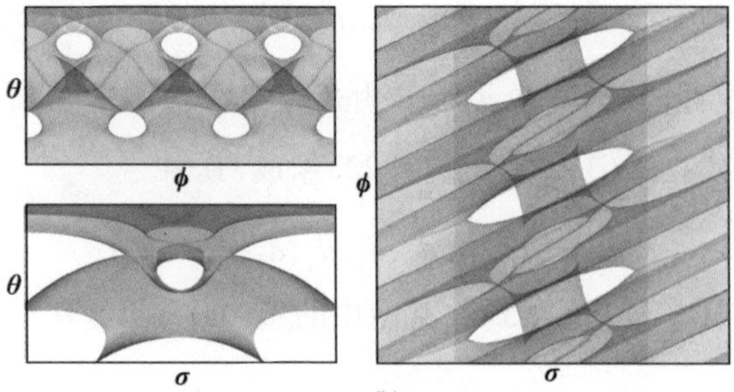

(b)

图 4.12　$\pi_u(\mathcal{W})$框盒近似值

(a)图 4.11b 的 3 – UPS/S 机构的定位工作空间边界的三维视图(有关该图的动画版本可参见文献[41]);(b)坐标平面的正交投影。

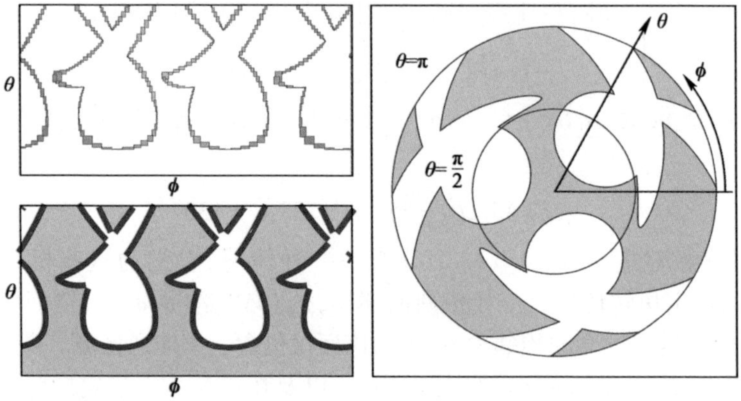

(a)　　(b)

图 4.13　图 4.11(b)球形机构实例的恒定扭转工作空间

虽然方向工作空间通常会有一个二维边界,对于特定的几何参数,这种边界可能会退化为一维障碍,这给文献[23]中的延拓方法带来了困难。例如,图 4.14所示的 Agile Eye 机构就发生了这种情形[42-43],即图 4.11(b)中著名的 3 – RRR 平台,其中

$$\beta_1 = \beta_2 = \arccos\frac{1}{\sqrt{3}},\quad \underline{\alpha} = 0,\quad \overline{\alpha} = \pi$$

正如 4.3 节中提到的,使用文献[23]中的方法计算这样的障碍几乎是不可能的,因为射线方法几乎无法收敛获得这样的障碍。相反,本书所提出的技术对这种情形依然适用。如果考虑同为获得图 4.12 中的结果所使用的相同方程,现

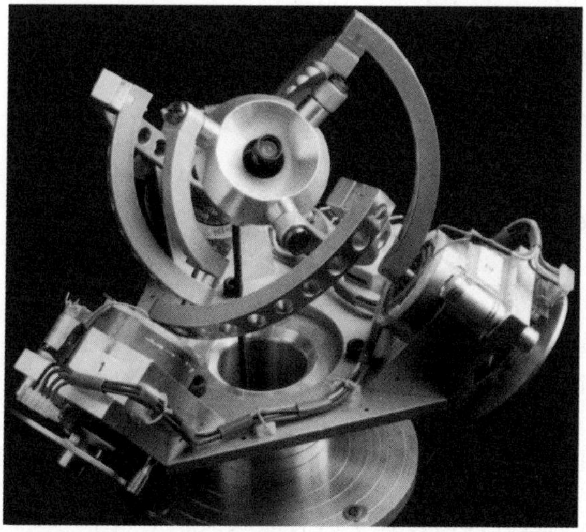

图 4.14 用于快速定位相机的 Agile Eye 机构(照片由 Prof. Clément Gosselin 提供)

用来确定对应于 $\boldsymbol{u}=(\theta,\phi,\sigma)$ 处的 Agile Eye 工作空间边界,很容易得到图 4.15 中绘制的曲线,这和文献[12]的结果一致。分析时,这些曲线可看作工作空间内部的障碍奇异点。换句话说,该机构能够达到任何可能的方向,但是在尝试穿过曲线时就会遇到运动障碍。为便于理解,可以把曲线看成对应于设定参数

$$\underline{\alpha}=k,\quad \overline{\alpha}=\pi-k$$

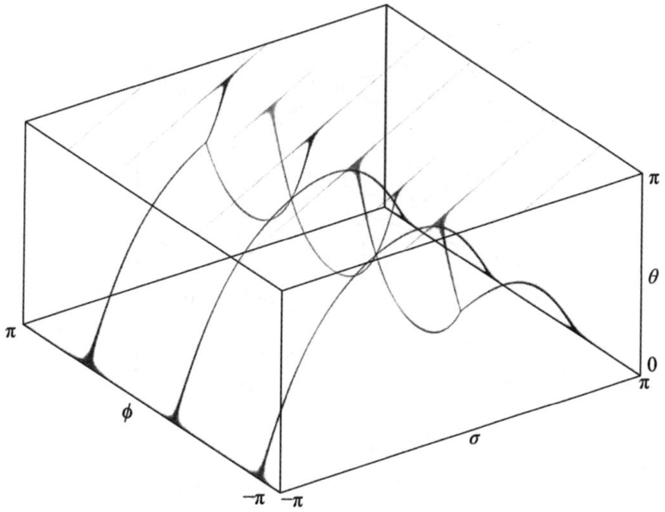

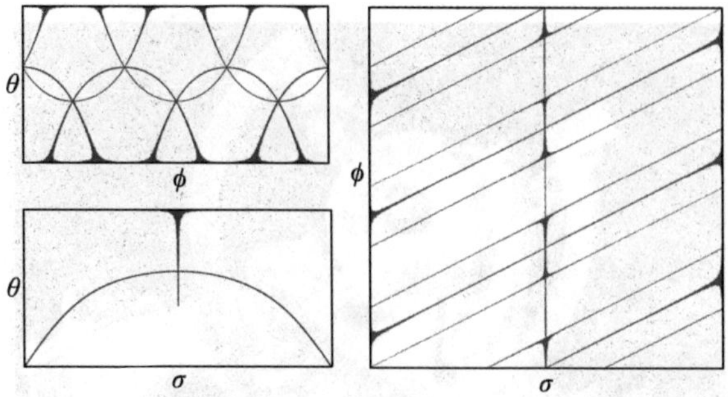

图 4.15　Agile Eye 机构含有退化障碍的工作空间（$\theta=\pi$ 平面中的每条线对应于平台的一个姿态。有关这些障碍的不同角度视图可参见文献[41]中的视频）

并且参数 k 的值从$\frac{\pi}{6}$变为 0，同时保证其余几何参数固定的单参数工作边界族的极限情况。管状边界障碍存在于所有的成员族中（图 4.16 的前两个图），它们退化为 Agile Eye 的单障碍（最后一图）。

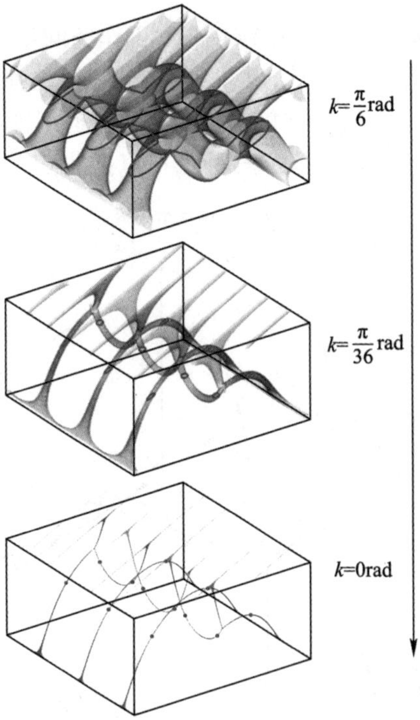

图 4.16　Agile Eye 的工作空间为单参数工作空间族的极限情况（每个图中 θ 恒定的切片以红色显示，以展示它是如何从一维曲线（上图）演变为孤立点的（下图））

4.5.4 复杂机构

为了说明本方法在高度复杂情况下的可行性,接下来用它计算图 4.17(a)中的 15 连杆机构的位置工作空间。该机构由 5 个四边形连杆组成,通过移动副和旋转副相连接,构成十边形环链。如果把其中一个四边形固定,则该机构有两个自由度,所以一般情况下,$\mathcal{C}$ 的维数为 $n=2$,$\mathcal{W}$ 由该空间中的一条或几条曲线组成。这一机构可以通过驱动角度θ_1和θ_2来控制,因为感兴趣的输出为位于连杆 L 上的点 $\boldsymbol{P}=(x,y)$的位置,所以 $\boldsymbol{u}=(x,y)$。

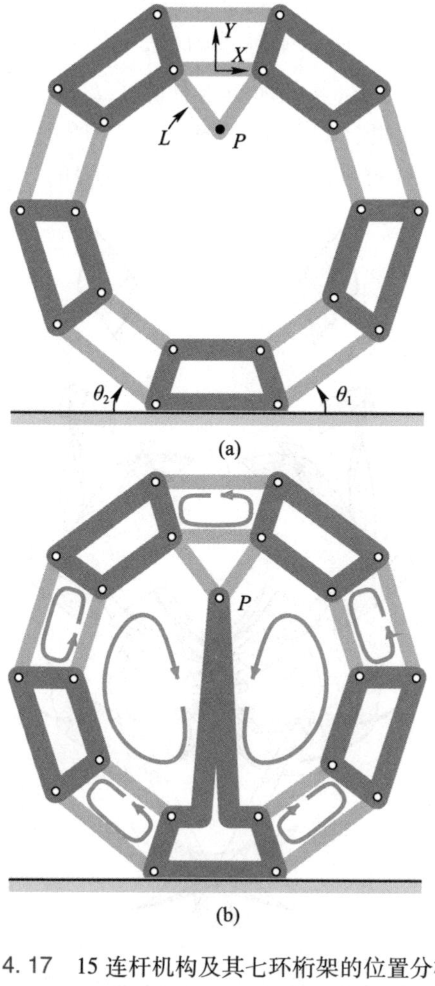

图 4.17 15 连杆机构及其七环桁架的位置分析
(a)一个 15 连杆机构;(b)其逆运动学问题等价于求解七环桁架的位置分析。

这种机构的复杂性是由于它的连杆数量较多,并且这些连杆之间的运动高度耦合。从机构的结构可以看出其行为已经很明显,且可以通过应用文献[44-45]中提出的Assur图理论获得。在这些观察的基础上,可以推测最小多项式描述本机构奇异点集及其困难。使用文献[46-47]中的离散化方法计算这些集合更加困难,因为这种离散化方法定义$\mathcal{U}$空间的点,求解每个点的逆运动学问题,最后一一分析生成的构型,进而识别出接近奇异点集的构型。而且,该方法可以简化为描述这个机构中的离散化(x,y)平面,这样,求解每个位置(x,y)的逆运动学问题就相当于找到图4.17(b)中七环桁架的所有构型,而这即使是最先进的文献[48-49]中基于特征多项式的位置分析方法也无法胜任。

假设P位于图4.17(a)所示坐标系的$(0,-1)$位置,该机构的所有四边形连杆都是边长为1的正方形,其他所有连杆除了L长度为$\sqrt{2}$外,其他长度都为2。本方法确定的奇异点集合如图4.18和图4.19所示。这两个图分别为利用4.4.1小节中的方程且针对不同的θ_1和θ_2限制所获得的。

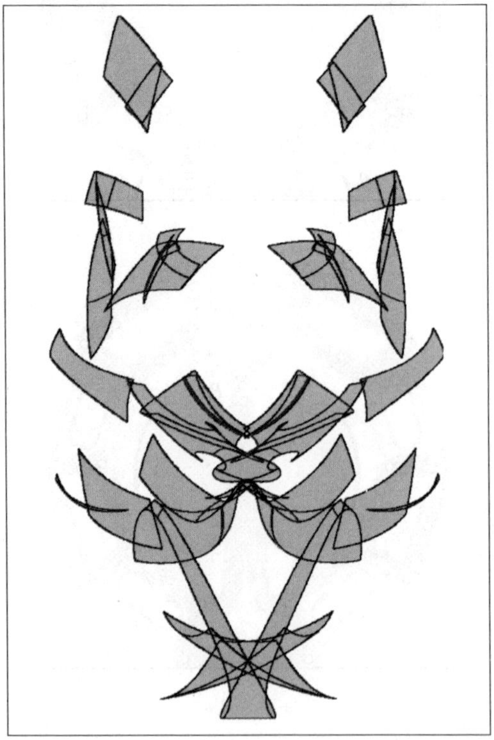

图4.18 图4.17中机构的定位空间(使用节中提到的几何参数,并假设θ_1和θ_2被限制在范围[45.57°,60°]。红色曲线对应于机构的正奇异点,蓝色曲线对应于逆奇异点)

图4.19 图4.17中机构的位置工作空间(角度 θ_1 和 θ_2 的限制范围为[36.87°,53.13°])

参考文献

1. B. Roth, Performance evaluation of manipulators from a kinematic viewpoint. Nat. Bur. Stand. Spec. Publ. **459**, 39–62 (1976)
2. F. Freudenstein, E.J.F. Primrose, On the analysis and synthesis of the workspace of a three-link, turning-pair connected robot arm. ASME J. Mech. Des. **106**(3), 365–370 (1984)
3. A.H. Soni, Y.C. Tsai, An algorithm for the workspace of a general *n*-R robot. ASME J. Mech. Des. **105**, 52–57 (1983)
4. J.A. Hansen, K.C. Gupta, S.M.K. Kazerounian, Generation and evaluation of the workspace of a manipulator. Int. J. Robot. Res. **2**(3), 22–31 (1983)
5. J. Rastegar, B. Fardanesh, Manipulation workspace analysis using the Monte Carlo method. Mech. Mach. Theor. **25**(2), 233–239 (1990)
6. C.M. Gosselin, Determination of the workspace of 6-DOF parallel manipulators. ASME J. Mech. Des. **112**, 331–336 (1990)
7. J.-P. Merlet, Geometrical determination of the workspace of a constrained parallel manipulator, in *Advances in Robot Kinematics* (1992), pp. 326–329
8. J.-P. Merlet, C.M. Gosselin, N. Mouly, Workspaces of planar parallel manipulators. Mech. Mach. Theor. **33**(1–2), 7–20 (1998)
9. J.-P. Merlet, Determination of 6D workspaces of Gough-type parallel manipulator and comparison between different geometries. Int. J. Robot. Res. **18**(9), 902–916 (1999)
10. I.A. Bonev, J.-C. Ryu, A new approach to orientation workspace analysis of 6-DOF parallel manipulators. Mech. Mach. Theor. **36**(1), 15–28 (2001)

11. J.A. Snyman, L.J. du Plessis, J. Duffy, An optimization approach to the determination of the boundaries of manipulator workspaces. ASME J. Mech. Des. **122**(4), 447–456 (2000)
12. I.A. Bonev, C.M. Gosselin, Analytical determination of the workspace of symmetrical spherical parallel mechanisms. IEEE Trans. Robot. **22**(5), 1011–1017 (2006)
13. K. Abdel-Malek, H.J. Yeh, Analytical boundary of the workspace for general 3-DOF mechanisms. Int. J. Robot. Res. **16**(2), 198–213 (1997)
14. M. Ceccarelli, A formulation for the workspace boundary of general N-revolute manipulators. Mech. Mach. Theor. **31**(5), 637–646 (1996)
15. K. Abdel-Malek, H.J. Yeh, N. Khairallah, Workspace, void, and volume determination of the general 5-DOF manipulator. J. Struct. Mech. **27**(1), 89–115 (1999)
16. M. Zein, P. Wenger, D. Chablat, An exhaustive study of the workspace topologies of all 3R orthogonal manipulators with geometric simplifications. Mech. Mach. Theor. **41**(8), 971–986 (2006)
17. E. Ottaviano, M. Husty, M. Ceccarelli, Identification of the workspace boundary of a general 3-R manipulator. ASME J. Mech. Des. **128**(1), 236–242 (2006)
18. D.-Y. Jo, *Numerical Analysis of Workspaces of Multibody Mechanical Systems*. Ph.D. Thesis (The University of Iowa, Iowa, 1988)
19. F. A. Adkins, *Numerical Continuation and Bifurcation Methods for Mechanism Workspace and Controllability Issues*. Ph.D. Thesis (The University of Iowa, Iowa, 1996)
20. K. Abdel-Malek, J. Yang, D. Blackmore, K. Joy, Swept volumes: fundation, perspectives, and applications. Int. J. Shape Model. **12**(1), 87–127 (2006)
21. Y. Lu, Y. Shi, B. Hu, Solving reachable workspace of some parallel manipulators by computer-aided design variation geometry. Proc. Inst. Mech. Eng. Part C: J. Mech. Eng. Sci. **222**(9), 1773–1781 (2008)
22. G. Castelli, E. Ottaviano, M. Ceccarelli, A fairly general algorithm to evaluate workspace characteristics of serial and parallel manipulators. Mech. Based Des. Struct. Mach. **36**(1), 14–33 (2008)
23. E.J. Haug, C.-M. Luh, F.A. Adkins, J.-Y. Wang, Numerical algorithms for mapping boundaries of manipulator workspaces. ASME J. Mech. Des. **118**(2), 228–234 (1996)
24. K. Abdel-Malek, F.A. Adkins, H.J. Yeh, E.J. Haug, On the determination of boundaries to manipulator workspaces. Robot. Comput. Integr. Manuf. **13**(1), 63–72 (1997)
25. D. Oblak, D. Kohli, Boundary surfaces, limit surfaces, crossable and noncrossable surfaces in workspace of mechanical manipulators. ASME J. Mech. Des. **110**(4), 389–396 (1988)
26. S.G. Krantz, H.R. Parks, *The Implicit Function Theorem: History* (Theory and Applications, Birkhäuser, 2002)
27. E.L. Allgower, K. Georg, *Numerical Continuation Methods* (Springer, 1990)
28. R.E. Moore, R.B. Kearfott, M.J. Cloud, *Introduction to Interval Analysis* (Society for Industrial Mathematics, 2009)
29. J.M. Porta, L. Ros, F. Thomas, A linear relaxation technique for the position analysis of multi-loop linkages. IEEE Trans. Robot. **25**(2), 225–239 (2009)
30. The CUIK Project Home Page, http://www.iri.upc.edu/cuik. Accessed 16 Jun 2016
31. C.W. Wampler, Solving the kinematics of planar mechanisms by Dixon's determinant and a complex plane formulation. ASME J. Mech. Des. **123**, 382–387 (2001). September
32. J.M. Porta, L. Ros, T. Creemers, F. Thomas, Box approximations of planar linkage configuration spaces. ASME J. Mech. Des. **129**(4), 397–405 (2007)
33. E. Celaya, T. Creemers, L. Ros, Exact interval propagation for the efficient solution of position analysis problems on planar linkages. Mech. Mach. Theor. **54**, 116–131 (2012)
34. D.Y. Jo, E.J. Haug, Workspace analysis of closed-loop mechanisms with unilateral constraints. Adv. Des. Autom. **19**(3), 53–60 (1989)
35. J.-P. Merlet, Determination of the orientation workspace of parallel manipulators. J. Intell. Robot. Syst. **13**(2), 143–160 (1995)
36. Q. Jiang, C.M. Gosselin, Determination of the maximal singularity-free orientation workspace for the Gough-Stewart platform. Mech. Mach. Theor. **44**(6), 1281–1293 (2009)

37. Y. Cao, Z. Huang, H. Zhou, W. Ji, Orientation workspace analysis of a special class of Stewart-Gough parallel manipulators. Robotica **28**(7), 989–1000 (2010)
38. C.-M. Luh, F.A. Adkins, E.J. Haug, C.C. Qiu, Working capability analysis of Stewart platforms. ASME J. Mech. Des. **118**(2), 220–227 (1996)
39. F. Pernkopf, M. Husty, Workspace analysis of Stewart-Gough-type parallel manipulators. Proc. Inst. Mech. Eng. Part C: J. Mech. Eng. Sci. **220**(7), 1019–1032 (2006)
40. J.-P. Merlet, C.M. Gosselin, *Springer Handbook of Robotics*, ch. Parallel Mechanisms and Robots (Springer, 2008), pp. 269–285
41. Companion web page of this book: http://www.iri.upc.edu/srm. Accessed 16 Jun 2016
42. C.M. Gosselin, E. St.-Pierre, Development and experimentation of a fast three-degree-of-freedom camera-orienting device. *International Journal of Robotics Research*, vol. 16, no. 5 (1997), pp. 619–630
43. I.A. Bonev, D. Chablat, P. Wenger, Working and assembly modes of the Agile Eye, in *Proceedings of the IEEE International Conference on Robotics and Automation, ICRA* (Orlando, USA, 2006), pp. 2317–2322
44. B. Servatius, O. Shai, W. Whiteley, Combinatorial characterization of the Assur graphs from engineering. Eur. J. Comb. **31**(4), 1091–1104 (2010)
45. A. Sljoka, O. Shai, W. Whiteley, Checking mobility and decomposition of linkages via pebble game algorithms, in *Proceedings of the ASME International Design Engineering Technical Conferences and Computers and Information in Engineering Conference, IDETC/CIE* (Washington, USA, 2011), pp. 493–502
46. O. Altuzarra, C. Pinto, R. Avilés, A. Hernández, A practical procedure to analyze singular configurations in closed kinematic chains. IEEE Trans. Robot. **20**(6), 929–940 (2004)
47. E. Macho, O. Altuzarra, E. Amezua, A. Hernández, Obtaining configuration space and singularity maps for parallel manipulators. Mech. Mach. Theor. **44**(11), 2110–2125 (2009)
48. N. Rojas, F. Thomas, On closed-form solutions to the position analysis of Baranov trusses. Mech. Mach. Theor. **50**, 179–196 (2011)
49. N. Rojas, F. Thomas, Distance-based position analysis of the three seven-link Assur kinematic chains. Mech. Mach. Theor. **46**(2), 112–126 (2010)

第5章 避奇异路径规划

前面章节介绍了机构中不同类型奇异点集的计算方法。虽然奇异点集的可视化很难实现,但可以通过将奇异点集投影到输入和输出空间,进而生成丰富的图表,称为相图,来体现机构的全局运动能力。这些图表的组合能够为机器人提供安全的工作空间,因为其中任何一条规避投影奇异点的路径总是对应于 C 空间中的避奇异路径。然而,根据这些图表并不能计算出两种构型之间所有可能的避奇异路径。所以,需要附加工具来确定这些路径,以便于透彻地了解机器人的运动能力。

为解决上述难题,本章提出了一种算法。该算法通过一条路径将给定机构的两个非奇异构型连接起来,该路径上所有的点保持相对于奇异轨迹的最小允许间隙。与之前已有的方法(5.1 节)相比,该方法可以应用于通用架构的非冗余机构,而且它是完全解析的——从某种意义上说,只要在给定分辨率下存在可行路径,就能通过此算法计算出来。该算法需要定义一个光滑流形,该流形与机构无奇异点的 C 空间保持一一对应(5.2 节)。使用高维延拓技术系统地探索这个流形,从一个构型开始,直至找到第二个构型,或者穷尽搜索后发现路径不存在(5.3 节)。根据文献[1]的目标,该方法还可用于计算从一个构型可达到的无奇异点流形的完整图集,这有助于快速解决此类流形中的规划问题,或者可视化任何机构坐标集合的无奇异点工作空间。最后,5.4 节中还采用实例演示了该方法在多种情况下的性能。

5.1 相关研究工作

运动规划是机器人技术的一项基本任务,可以通过很多方法来实现[4-6],这些方法甚至对于一般架构的机构都能够适用[7-8]。然而,到目前为止,大多数方法都忽略了奇异构型的处理问题,而奇异构型是封闭运动链必然存在的临界点。虽然已经提出了一些穿越这些构型的方法[9-10],但它们主要依靠机构惯性,并且不能保证在奇异点附近的位置精度,也不能保证外力的平衡性。为了防止刚度损失或过大的电机扭矩,有必要避免穿越这些奇异构型。在商业机器人中,主要通过修正排除奇异点存在的关节限制来实现规避奇异构型,这样,其可用的工作空间会大幅度减小。而使用这里提出的方法,可以让我们有效利用机器人的运动范围极限,绕过奇异点就像规避普通障碍一样。

除了用于局部修正全局预计算路径的在线奇异规避方法[11-13]外,很少有算法可以规划相隔较远构型之间的无奇异点运动路径。现有的策略是基于可疑构型之间参数化路径的调整[3,14],将问题简化为一个边值问题[15],或明确地将奇异位置视为一个障碍[16]。在这些方案中,最具代表性的是文献[3]提出的方法,它可以快速计算 DexTAR 平行机器人的最少时间轨迹(图 5.1)。所有这些方法在一般情况下工作得很好,但在某些情况下存在文献[14-15]提到的有关证明路径是否存在的限制。文献[16]中方法的计算过程十分复杂,这是因为需要构建与整个奇异点集近似的多面体。同样地,文献[3,14-16]中的方法利用封闭 C 空间参数化,这使它很难扩展用于处理更复杂的机构。相比之下,本书提出的这种方法并不借助这样的参数化,并且可以应用于任何非冗余的封闭链机构。与文献[16]相比,本书方法将奇异点视为隐式障碍,而非显式障碍使计算量大大减少。

图 5.1　台式高精度学术机器人——DexTAR[2-3](用于拾取与放置操作)

需要强调的是,本书提出的方法可以用于检测机构不同运动学正解之间的非奇异转换(也称为装配模态)。近年来,对这些转换的研究引起了广泛关注,因为很长一段时间以来,人们都认为这是不可能的。Innocenti 和 Parenti - Castelli 首次揭示了这些转换的存在性[18],这表明机器人的运动范围可以比预期更广。这项工作之后,一些研究解释了多种机构的转变机理[19-25]。然而,这些研究基于特定的 ad - hoc 方法,或基于视觉检查的投影或 C 空间的特定切片。相反,本书提供的方法可以自动地在一般机构中找到这样的变换,正如在文献[26]中所展示的那样。从输入纵向图(3.4 节)中可以选择不同区域的 $\boldsymbol{v}$ 元组值,求解式(2.1)得到正运动学问题的所有解,然后使用路径规划方法检测一个解到另一个解之间是否存在可行路径。方法具体细节见下文。

5.2 避奇异 C 空间构建

给定 $\mathcal{C}\backslash\mathcal{S}$ 中的两个构型,目标是生成一条连接它们的无奇异点路径,即一个连续映射

$$\boldsymbol{\kappa}:[0,1]\to\mathcal{C}\backslash\mathcal{S}$$

式中:$\boldsymbol{\kappa}(0)=\boldsymbol{q}_s$ 且 $\boldsymbol{\kappa}(1)=\boldsymbol{q}_g$。

为了简化,本书只着重于正运动学奇异点规避的研究,因为相比逆运动学奇异点,它们对机构的危害更大,且将此原理推广到逆运动学奇异点的规避也是很简单的。因此,在本章的后续部分,主要考虑生成

$$\boldsymbol{\kappa}:[0,1]\to\mathcal{C}_{\text{sfree}}=\mathcal{C}\backslash\mathcal{S}_f$$

式中:$\mathcal{S}_f$ 为机构的正运动学奇异点。

需要注意的是,$\mathcal{C}_{\text{sfree}}$ 是点 $\boldsymbol{q}\in\mathcal{C}$ 的集合,且满足式(5.1),即

$$\det(\boldsymbol{L}_y)\neq 0 \tag{5.1}$$

式中:$\boldsymbol{L}_y$ 为在 2.1 节定义的矩阵。然而,延拓方法旨在求解方程组的解集,而非不等式。因此,要利用延拓方法解决路径规划问题,需要将式(5.1)转化为等式形式。这可以通过引入辅助变量 b 来实现,当 $\det(\boldsymbol{L}_y)\neq 0$ 时,对于 b 的某个值,有

$$\det(\boldsymbol{L}_y)\cdot b=1$$

因此,$\mathcal{C}_{\text{sfree}}$ 的方程组可以定义为

$$\begin{cases}\boldsymbol{\Phi}(\boldsymbol{q})=\boldsymbol{0}\\ \det(\boldsymbol{L}_y)\cdot b=1\end{cases} \tag{5.2}$$

如果需要进行逆运动学奇异点规避,只需要在第二个方程中添加 $\det(\boldsymbol{L}_z)$ 作为附加条件,其余计算方法无须任何修改。

为清晰表达，可将式(5.2)写为

$$\boldsymbol{F}(\boldsymbol{x})=0 \tag{5.3}$$

其中

$$\boldsymbol{x}=(\boldsymbol{q},b)$$

$$\boldsymbol{F}(\boldsymbol{x})=\begin{bmatrix}\boldsymbol{\Phi}(\boldsymbol{q})\\ \det(\boldsymbol{L}_y)\cdot b-1\end{bmatrix} \tag{5.4}$$

设 $\mathcal{M}$ 为满足式(5.3)的 $\boldsymbol{x}$ 的点集，并定义以下函数，即

$$b(\boldsymbol{q})=\frac{1}{\det(\boldsymbol{L}_y(\boldsymbol{q}))} \tag{5.5}$$

显而易见，点 $\boldsymbol{x}\in\mathcal{M}$ 与点 $\boldsymbol{q}\in\mathcal{C}_{\mathrm{sfree}}$ 是一一对应的，这是因为当且仅当 $\boldsymbol{x}=(\boldsymbol{q},b(\boldsymbol{q}))$ 满足式(5.2)时才有 $\boldsymbol{q}\in\mathcal{C}_{\mathrm{sfree}}$ 成立。由此，$\mathcal{C}_{\mathrm{sfree}}$ 中的所有路径可在 $\mathcal{M}$ 中唯一表达；反之亦然。因此，原来求解一条由点 $\boldsymbol{q}_S$ 到 $\boldsymbol{q}_g$ 的避奇异路径的问题可以归结为求解在集合 $\mathcal{M}$ 中由 $\boldsymbol{x}_s=(\boldsymbol{q}_s,b(\boldsymbol{q}_s))$ 到 $\boldsymbol{x}_g=(\boldsymbol{q}_g,b(\boldsymbol{q}_g))$ 的一条路径。这种简化是十分有利的，因为在 $\mathcal{M}$ 而不是在 $\mathcal{C}$ 中进行路径规划能够确保所有获得的路径都完全位于 $\mathcal{C}_{\mathrm{sfree}}$ 中。文献[14]提到，由于奇异点位置的复杂性，在平面图中检测奇异点交叉十分困难，但利用本书提出的方法可以避免奇异点交叉检测。

如图5.2所示，底部的水平面表示 $\mathcal{C}$ 平面，为了简化起见，在本例中它与环境空间 $\mathcal{Q}$ 重合，而奇异轨迹 $\mathcal{S}_f$ 由平面内的两条红色抛物线表示。同时，为了构

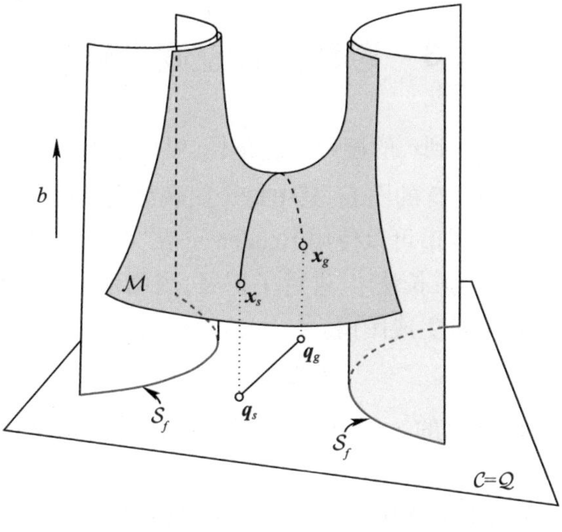

图5.2 求解一条由点 $\boldsymbol{q}_s$ 到 $\boldsymbol{q}_g$ 的避奇异路径的问题可以归结为求解在 $\mathcal{M}$ 中由 $\boldsymbol{x}_s$ 到 $\boldsymbol{x}_g$ 的一条路径（由于流形 $\mathcal{M}$ 是光滑的，这显著地简化了延拓方法）

造 $\mathcal{M}$,对 $\mathcal{Q}$ 空间增加一个由 b(图中垂直方向的轴)确定的新维度,可以把点 $\boldsymbol{q}\in\mathcal{C}$提升到点 $\boldsymbol{x}=(\boldsymbol{q},b(\boldsymbol{q}))$。然后,当一个点 $\boldsymbol{x}\in\mathcal{M}$ 的投影 $\boldsymbol{q}$ 接近 $\mathcal{S}_f$时,可以认为 $\mathcal{M}$ 是在 b 方向无限延伸的新流形。

关于路径搜索过程中需要注意两个重要的问题。一方面,需要注意雅可比矩阵$\boldsymbol{F}_x$ 的结构,即

$$\boldsymbol{F}_x=\left[\begin{array}{c:c:c}\boldsymbol{\Phi}_v & \boldsymbol{\Phi}_y & \boldsymbol{0}\\ \hdashline * & * & \det(\boldsymbol{L}_y)\end{array}\right]$$

可以看出,对于所有点 $\boldsymbol{x}\in\mathcal{M}$,雅可比矩阵$\boldsymbol{F}_x$ 都是满秩的。由于两个矩阵在相同的构型 $\boldsymbol{q}$ 下是奇异的,所以当$\boldsymbol{L}_y$满秩时,$\boldsymbol{\Phi}_y$也是满秩。因而,$\mathcal{M}$ 中的所有矩阵$\boldsymbol{F}_x$ 总是满秩的。根据隐函数定理,这意味着 $\mathcal{M}$ 具有光滑流形的结构[28],这从数值延拓的角度来看是有益的[29],因为在 $\mathcal{M}$ 中没有发现分叉、脊或尺寸变化。本节提出的方法不需要借助分支切换[30],这显著降低了算法实现的难度。

另外,实际工程中,所有 $\boldsymbol{q}$ 点的坐标都有已知的限制边界,并且这些关节的机械限制约束可以通过给系统增加新的方程来实现(第 3 章和第 4 章)。此外,$|b|$应该保持在给定的阈值 $b_{\max}$内以保证轨迹相对于$\mathcal{S}_f$有一定的间隙,该间隙由底层机械和控制系统的特性来决定。因此,在 $\mathcal{M}$ 中搜索路径必须在 $\boldsymbol{x}$ 空间给定限制区域 $\mathcal{D}$,该区域通常定义为对应于坐标边界的多个区间的笛卡儿乘积。

5.3 避奇异 C 空间求解

为了确定一条由点$\boldsymbol{x}_s$到$\boldsymbol{x}_g$的避奇异点路径,可以逐步构造一个 $\mathcal{M}\cap\mathcal{D}$ 的图谱,即一组完全映射 $\mathcal{M}\cap\mathcal{D}$ 的图表,其中每个图表都是从$\mathbb{R}^n$映射到 $\mathcal{M}$ 中的一个点的邻域的局部映射。图谱可以使用 Henderson 在文献[29]提出的高维延拓方法计算,该方法对一维伪弧长法[31]进行了扩展,利用由以下方程组隐式定义的二维变量的一个连通分量生成图谱。

$$\boldsymbol{F}(\boldsymbol{x})=0$$

式中:$\boldsymbol{F}:\mathbb{R}^m\rightarrow\mathbb{R}^{m-n}$是可微的。而 $\boldsymbol{F}$ 由式(5.4)定义,且 $m=n_q+1$,n 是 $\mathcal{M}$ 的维度。

接下来,将在 5.3.1 小节和 5.3.2 小节介绍如何生成从点$\boldsymbol{x}_s$到点$\boldsymbol{x}_g$的完整图谱,进一步,在 5.3.3 小节介绍如何有效地使图谱偏向$\boldsymbol{x}_g$,最后,在 5.3.4 小节介绍规划算法的伪代码。

5.3.1 图表构建

给定点 $\boldsymbol{x}_i \in \mathcal{M}$，$\mathcal{C}_i$是由 $\mathcal{P}_i \subseteq \mathbb{R}^n$到包含 $\boldsymbol{x}_i$的 $\mathcal{M}$ 的子集的微分同胚映射

$$\psi_i : \mathbb{R}^n \rightarrow \mathbb{R}^m$$

其中

$$\psi_i(\mathbf{0}) = \boldsymbol{x}_i$$

映射 ψ_i 可利用一个 $m \times n$ 的矩阵 $\boldsymbol{\Psi}_i$定义，该矩阵的列为 $\mathcal{T}_{x_i}\mathcal{M}$ 的正交基，$\mathcal{T}_{x_i}\mathcal{M}$是 $\mathcal{M}$ 在 $\boldsymbol{x}_i$点的 n 维正切空间。矩阵须满足以下条件，即

$$\begin{bmatrix} F_x(\boldsymbol{x}_i) \\ \boldsymbol{\Psi}_i^{\mathrm{T}} \end{bmatrix} \boldsymbol{\Psi}_i = \begin{bmatrix} 0 \\ \boldsymbol{I}_{n\times n} \end{bmatrix}$$

对于给定的参数矢量$\boldsymbol{s}_j^i \in \mathcal{T}_{x_i}\mathcal{M}$，$\boldsymbol{x}_i = \boldsymbol{\Psi}_i(\boldsymbol{s}_j^i)$的值可由计算$\mathbb{R}^m$中的点

$$x_j^i = x_i + \boldsymbol{\Psi}_i \boldsymbol{s}_j^i \tag{5.6}$$

得到，然后在点$\boldsymbol{x}_j^i$做射线交$\mathcal{T}_{x_i}\mathcal{M}$ 于一点$\boldsymbol{x}_j \in \mathcal{M}$，以获得点$\boldsymbol{x}_j \in \mathcal{M}$(图 5.3(a))。该投影可以通过求解

$$\begin{cases} \boldsymbol{F}_{x_j} = \mathbf{0} \\ \boldsymbol{\Psi}_i^{\mathrm{T}}(\boldsymbol{x}_j - \boldsymbol{x}_j^i) = \mathbf{0} \end{cases} \tag{5.7}$$

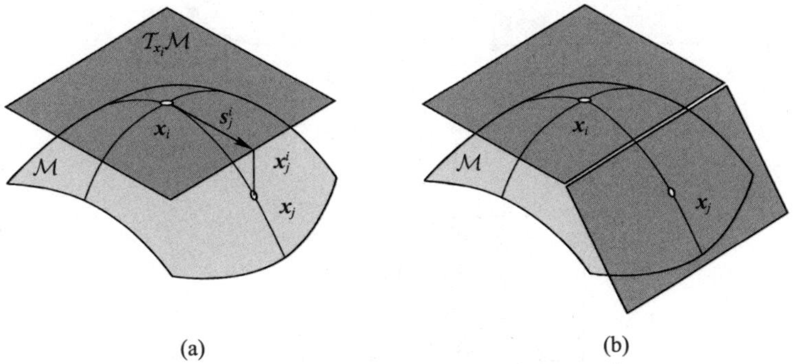

图 5.3 应用于$\mathbb{R}^3$二维流形的高维延拓方法

(a)点 $\boldsymbol{x}_j \in \mathcal{M}$ 可以由 $\boldsymbol{x}_j^i$投影到 $\mathcal{M}$ 得到；(b)在$\boldsymbol{x}_j$定义的新图表必须与 $\boldsymbol{x}_i$ 点的图表适当协调以保持轨迹的相邻关系。

在 $\boldsymbol{x}_j^i$处用 Newton – Raphson 方法进行初始化，之后以 $\Delta\boldsymbol{x}_j$为增量进行迭代。

$$\begin{bmatrix} \boldsymbol{F}_{x_i} \\ \boldsymbol{\Psi}_i^{\mathrm{T}} \end{bmatrix} \Delta x_j = -\begin{bmatrix} \boldsymbol{F}(\boldsymbol{x}_i) \\ \boldsymbol{\Psi}_i^{\mathrm{T}}(\boldsymbol{x}_j - \boldsymbol{x}_j^i) \end{bmatrix} \tag{5.8}$$

迭代终止条件为,式(5.8)的右侧矢量范数足够小,或达到最大迭代次数。若迭代过程不收敛,则认为 $\boldsymbol{s}_j^i$ 不在 $\mathcal{P}_i$ 内,且不能由 $\mathcal{P}_i$ 到达 $\mathcal{M}$ 区域,此时,须用其他图表进行参数化。

最后,ψ_i 的逆映射定义为:$\boldsymbol{s}_j^i = \psi_i^{-1}(\boldsymbol{x}_j) = \boldsymbol{\Psi}_i^{\mathrm{T}}(\boldsymbol{x}_j - \boldsymbol{x}_i)$。无论位于 $\mathbb{R}^m$ 中的点 x_j 是否在 $\mathcal{M}$ 中,$\boldsymbol{s}_j^i$ 都可以通过上述定义求解。

5.3.2 图谱构建

由于 $\mathcal{M}$ 的曲率限制,由 $\mathcal{T}_{\boldsymbol{x}_i}\mathcal{M}$ 中的点到 $\mathcal{M}$ 中的点仅在 $\mathcal{P}_i \subseteq \mathcal{T}_{\boldsymbol{x}_i}\mathcal{M}$ 这一个区域内存在收敛性。然而,$\mathcal{M}$ 中每个点都有可能是新图表的潜在中心(图 5.3(b)),因而可以定义一个附加图表,并协调它们形成 $\mathcal{M}$ 的完整图谱。

对于每个图表 $\mathcal{C}_i$ 的中心点 $\boldsymbol{x}_i$(起始点设为 $\boldsymbol{x}_s$),本方法初始化图表域 $\mathcal{P}_i$ 为一个外切于半径为 r 的球体 $\mathcal{B}_i$ 的 n 维超立方体,两者都定义在 $\mathcal{T}_{\boldsymbol{x}_i}\mathcal{M}$ 上(图 5.4(a))。为构建新图表,本方法选择 $\mathcal{P}_i$ 中外接于 $\mathcal{B}_i$ 的顶点,其位置矢量为 $\boldsymbol{s}$,然后在 $\boldsymbol{s}$ 方向上找到 $\mathcal{B}_i$ 上的点

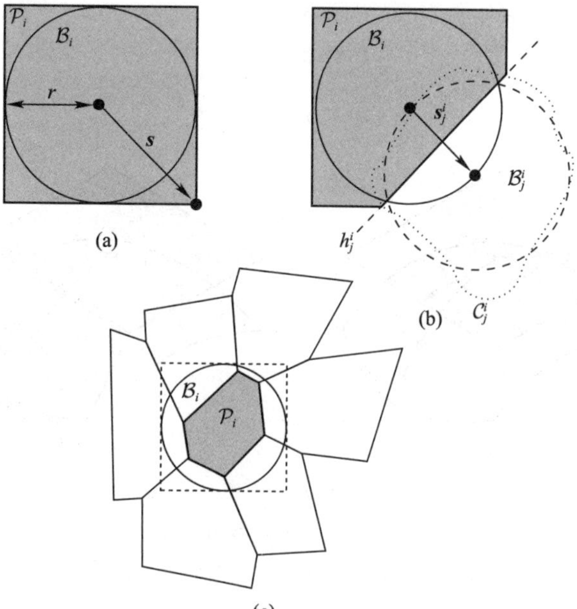

(c)

图 5.4 图表结构

(a)初始时 $\mathcal{P}_i$ 和 $\mathcal{C}_i$ 的范围是一个外接于半径为 r、以 $\mathcal{T}_{x_i}\mathcal{M}$ 的原点为中心的球的立方体;(b)$\mathcal{P}_i$ 用一个近似 $\mathcal{C}_j^i$ 的球 $\mathcal{B}_j^i$ 修剪,该球是 $\mathcal{C}_j$ 覆盖的流形区域在 $\mathcal{T}_{x_i}\mathcal{M}$ 上的投影;(c)当 $\mathcal{P}_i$ 所有顶点都在球 $\mathcal{B}_i$ 内部时 $\mathcal{C}_i$ 是封闭的。

$$s_j^i = \alpha \frac{s}{\|s\|} \tag{5.9}$$

式中：$\alpha = r$。

利用$\boldsymbol{s}_j^i$，该方法通过式(5.6)可以确定点$\boldsymbol{x}_j^i$，并通过求解式(5.7)尝试向$\boldsymbol{x}_j = \psi_i(\boldsymbol{s}_j^i)$收敛。如果 Newton - Raphson 方法收敛，且$\boldsymbol{x}_j$和$\mathcal{T}_{\boldsymbol{x}_j}\mathcal{M}$与$\boldsymbol{x}_j^i$和$\mathcal{T}_{\boldsymbol{x}_i}\mathcal{M}$足够接近，也就是说，如果对于很小的阈值$\epsilon$，有

$$\|\boldsymbol{x}_j - \boldsymbol{x}_j^i\| < \epsilon \tag{5.10}$$

且

$$\det(\boldsymbol{\Psi}_i^{\mathrm{T}} \boldsymbol{\Psi}_j) > 1 - \epsilon \tag{5.11}$$

本方法即生成了一个新的位于$\boldsymbol{x}_j$中的图表$\mathcal{C}_j$，其对应的$\mathcal{P}_i$初始形状为超立方体。如果该方法不收敛，舍弃$\mathcal{C}_j$，在式(5.9)中使用更小的α值进行图表构建。通过这样的过程，每个图表覆盖的区域自动适应$\mathcal{M}$在延拓方向上的局部曲率。

每个新图表C_j的区域必须要与图谱中现存的图表的区域适当协调。为了协调$\mathcal{P}_i$与$\mathcal{P}_j$，本方法构建球体$\mathcal{B}_j^i$，该球体近似于C_j覆盖的流形区域在$\mathcal{T}_{\boldsymbol{x}_i}\mathcal{M}$上的投影。该投影在图5.4(b)中表示为$C_j^i$。然后，计算$\mathcal{B}_i$与$\mathcal{B}_j^i$的相交平面$h_j^i$，这样即可定义一个新的$\mathcal{P}_i$。这样，消除$\mathcal{P}_i$上的一些顶点（特别是由矢量$\boldsymbol{s}$确定的那个）并产生新顶点。相应地，与$C_j$相关联的$\mathcal{P}_j$用$C_i^j$来近似修剪，而$C_i^j$是流形$\mathcal{M}$中$C_i$覆盖的区域在$\mathcal{T}_{\boldsymbol{x}_j}\mathcal{M}$上的投影。所得到的$\mathcal{P}_i$与$\mathcal{P}_j$在空间$\mathbb{R}^m$中不一定连续，但是在宽松约束条件下，它们对流形的投影略有重叠，因此是连续的。从一个局部参数化到另一个局部参数化的转换可以通过使用两个相邻图表的正映射和逆映射来实现。对于在$\mathcal{P}_i$的边界上的给定的参数矢量$\boldsymbol{s}_i$，在$\mathcal{P}_j$中对应的矢量为

$$\boldsymbol{s}_j = \psi_j^{-1}(\psi_i(\boldsymbol{s}_i))$$

当$\mathcal{P}_i$中的所有顶点都在$\mathcal{B}_i$内时，图表C_i即为封闭的，这意味着不需要从该图表进行进一步的延拓（图5.4(c)）。同时，中心在$\mathcal{D}$域之外的图表也为封闭的。当图谱中有开放（即非封闭）的图表时，图表延拓的过程继续，这发生在所有$\mathcal{M} \cap \mathcal{D}$中与$\boldsymbol{x}_s$连接的分量全部达到时。

举例说明如下，图5.5给出了当给定点追踪 Chmutov 曲面表面时算法的演算过程，其中开放和封闭图表分别用红色和蓝色表示。由于该流形为一个表面，所以球$\mathcal{B}_i$是圆形的，$\mathcal{P}_i$是多边形的。

需要注意的是，为了良好覆盖$\mathcal{M}$，应选择合理的r值，使所有图表预期切空

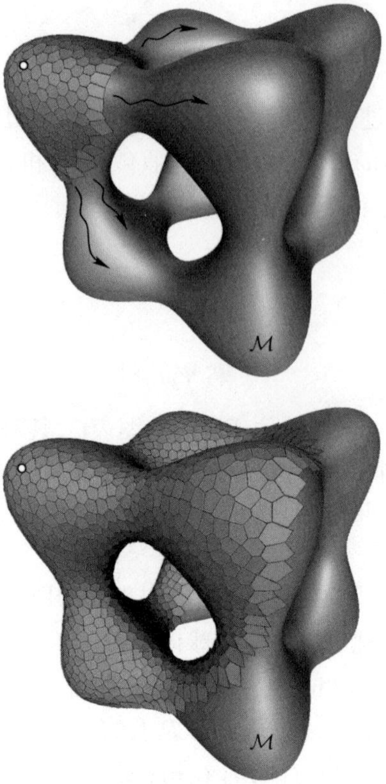

图5.5　在算法中 Chmutov 曲面由 $3+8(x^4+y^4+z^4)=8(x^2+y^2+z^2)$ 定义，延拓为 $r=0.07$ 和 $\epsilon=0.1$（红色和蓝色多边形分别对应开放和封闭图表。在本例中，延拓方法按宽度优先顺序进行，但是如果需要，图表创建过程可以偏向目标点 x_g，使用 A^* 和贪婪最佳优先策略（详见正文））

间和流形之间的距离小于 ϵ。Henderson[29] 提出了一种根据流形的局部曲率来选择合适的 r 值的方法，这样能够确保在算法结束时只有 ϵ 这一小块区域未被覆盖。这一结果并不会对算法产生严重影响，但 r 的近似值计算量很大，因此很难在实践中应用[33]。作为一种变通方法，Henderson 提出在创建图表时进行实时预测，如大多数一维延拓方法[34]所做的那样，然后通过 α 参数调整图表的大小。最后需要注意的是，用于定义 $\mathcal{T}_{x_i}\mathcal{M}$ 中的球体 $\mathcal{B}_i$ 并不一定要是欧几里得范数。例如，如果使用其他范数，球体可能变为椭球体。

5.3.3　最优路径求解

一旦建立了完整的图谱，就可以建立图形 G，其节点代表前文计算出的图表,其边界代表图表之间的相邻关系。如果由 $\boldsymbol{x}_s$ 到 $\boldsymbol{x}_g$ 的路径存在,则图表 C_k 一定会覆盖 $\boldsymbol{x}_g$。这样,必然存在一些 k 值满足

$$\psi_k^{-1}(\boldsymbol{x}_g) \in \mathcal{D}_k \tag{5.12}$$

然后,寻找由 $\boldsymbol{x}_s$ 到 $\boldsymbol{x}_g$ 的避奇异路径可以很容易地通过在图形 G 中使用标准图形搜索方法找到一条由 C_s 到 C_k 的路径实现。如果无法从图谱的任何图表中得到 $\boldsymbol{x}_g$,则此时的 r 取值即为路径不存在的情况。

需要注意的是,前面的过程计算了与 $\boldsymbol{x}_s$ 连接部分的详尽图谱。如果能够重新利用图谱,如解决几个构型之间的后续规划问题,或者可由 $\boldsymbol{x}_s$ 获得整体工作空间,那么这一方法是有价值的。然而,在我们只需要解决单个路径规划问题的情况下,可以向 $\boldsymbol{x}_g$ 进行启发式的搜索,以构建尽可能少的图表来减轻计算负担[7]。

为此,一种可能的方法是使用 A* 方法[35],它只生成必要的图表来计算从 $\boldsymbol{x}_s$ 到 $\boldsymbol{x}_g$ 的最低成本路径。在每一次迭代中,该方法扩展点 $\boldsymbol{x}_i$ 的图表,使得从 $\boldsymbol{x}_s$ 到 $\boldsymbol{x}_g$ 整体移动过程的估计成本最低,同时保持一个可选路径段的排序优先级队列。这一成本是从 $\boldsymbol{x}_s$ 运动到 $\boldsymbol{x}_i$ 已知最低成本 $G_{\mathrm{ST}}(\boldsymbol{x}_i)$ 的总和,表示从 $\boldsymbol{x}_i$ 移动到 $\boldsymbol{x}_g$ 的最低成本的下限,即

$$H_{\mathrm{ST}}(\boldsymbol{x}_i) \tag{5.13}$$

而在图谱的延拓过程中保持最低成本 $G_{\mathrm{ST}}(\boldsymbol{x}_i)$ 可以通过以下函数实现

$$C_{\mathrm{ST}}(\boldsymbol{x}_j, \boldsymbol{x}_k) \tag{5.14}$$

该函数能够给出相邻图表中心之间的最小转换成本。例如,可以使用以下公式来获得从 $\boldsymbol{x}_s$ 到 $\boldsymbol{x}_g$ 的路径,即

$$C_{\mathrm{ST}}(\boldsymbol{x}_j, \boldsymbol{x}_k) = \|\boldsymbol{x}_j - \boldsymbol{x}_k\| \tag{5.15}$$

$$H_{\mathrm{ST}}(\boldsymbol{x}_i) = C_{\mathrm{ST}}(\boldsymbol{x}_i, \boldsymbol{x}_g) \tag{5.16}$$

A* 方法通常在三维的流形中表现良好,但是在更高维度中计算时间显著增加。这种情况下,可以使用贪婪最优算法,其中待扩展的图表 C_i 是产生最小估计能耗 $H_{\mathrm{ST}}(\boldsymbol{x}_i)$ 的图表。与 A* 方法相比,贪婪最优算法通常探索 $\mathcal{M}$ 中的一小部分,但获得的路径可能非最优路径。

需注意,无论采用何种方法,原则上可以使用任何目标函数 $C_{\mathrm{ST}}(\boldsymbol{x}_j, \boldsymbol{x}_k)$。根据具体应用工况,该函数可能反映能耗、行驶距离或机器人避免干涉程度。在最后这种情况下,目标函数只需指定发生碰撞干涉的图表间的转换成本无限大即可[7]。

最后观察到，由于返回路径采用相邻图表中心之间的直线运动，可能造成运动不平稳，但该问题可以通过采用常规路径平滑技术解决[36]。

5.3.4 规划算法

算法5.1给出了前文所描述 A^* 方法的伪代码。这里略去了贪婪最优算法的伪代码，因为该算法可以通过令算法5.1中 $C_{ST}(\boldsymbol{x}_j,\boldsymbol{x}_k)=0$ 来获得。注意，为了避免重复测试式(5.12)，算法初始即在 $\boldsymbol{x}_g$ 中创建图表，并扩展图集，直至遇到这一图表。

首先，算法在初始和目标构型处定义图表，并用它们初始化图谱(第1行到第3行)。接下来，定义可以展开搜索的图表集 $\mathcal{H}$(第4行)和封闭图表集 $\mathcal{V}$(第5行)。然后，它初始化指向每个图表的最佳上一代图表的指针(第6行)，到达初始图表的成本(第7行)，以及用于估计从该图表到目标图表的成本的启发式函数(第8行)。之后，当 $\mathcal{H}$ 中存在图表并且未抵达目标图表时，算法迭代(第10~31行)。在迭代中，从 $\mathcal{H}$ 中提取出对目标具有最小预期成本的图表 C_i(第11行)。如果 C_i 不是目标图表(第12行)，并且它不是封闭图表(第13行)，则生成它的所有邻域(第14~20行)。认为中心在域 $\mathcal{D}$ 之外的图表是封闭的，因此不会生成这些图表的邻域。如有必要，通过选择在 $\mathcal{P}_i$ 而不在 $\mathcal{B}_i$ 上的顶点来生成邻域，并使用该顶点来定义式(5.9)中的参数。尝试创建图表，直到满足式(5.10)和式(5.11)中给出的条件。此时，将所创建的图表添加到图谱，使其与现有的图表相协调(第20行)。一旦生成了 C_i 的所有邻域，将图表添加到 $\mathcal{V}$(第21行)中，并从它开始展开搜索。对于每个开放邻域，通过 C_i 计算邻域的暂时成本(第26行)。将不在 $\mathcal{H}$ 中的图表或暂时成本低于当前最佳成本的图表添加到 $\mathcal{H}$ 中(第28行)，更新它们的父代图表(第29行)，并设置新成本(第30行)，最后计算到达目标所需成本的启发式估计值(第31行)。结束搜索后，如果能够抵达目标，利用在 p 中存储的指向父图表的指针导出连接 $\boldsymbol{x}_s$ 和 $\boldsymbol{x}_g$ 的路径(第33行)；否则，返回一条空路径(第35行)，这表明不可能以所给定的分辨率生成避奇异路径。

算法每一步的成本主要由图表集中两次搜索的成本决定：一次是在将新图表添加到图谱时查找新图表潜在邻域的搜索(第20行)；另一次是查找用于继续搜索的开放图表的搜索。使用存储图表中心的 $k-d$ 树可以提高第一次搜索的性能。如果使用堆栈实现 $\mathcal{H}$，则无论是提取下一个要扩展的图表(第11行)还是在 $\mathcal{H}$ 中插入新图表(第28行)，对于可扩展图表的数量而言都是对数增加的。

算法 5.1:无奇异路径规划方法

路径计算($F, x_g, x_g, H_{ST}, C_{ST}, r, \epsilon$)

输入:式(5.3)的函数 F,定义平滑流形 $\mathcal{M}$;开始和目标配置,x_g 和 x_g,必须是非奇异的;式(5.13)和式(5.14)的代价函数 H_{ST} 和 C_{ST} 用于使搜索偏向 x_g;用于构建图谱的参数 r 和 ϵ。

输出:连接 x_s 和 x_g 的无奇点路径(如果存在)或空路径 $\varnothing$

1　$C_s \leftarrow$ 新图表(F, x_s, r)}

2　$C_g \leftarrow$ 新图表(F, x_g, r)}

3　$\mathcal{A} \leftarrow \{C_s, C_g\}$

4　$\mathcal{H} \leftarrow \{C_s\}$

5　$\mathcal{V} \leftarrow \varnothing$

6　$p(s) \leftarrow 0$

7　$c(s) \leftarrow 0$

8　$h(s) \leftarrow H_{ST}(x_s, x_g)$

9　$C_i \leftarrow C_s$

10　当 $\mathcal{H} \neq \varnothing$ 且 $C_i \neq C_g$ 就

11　$\quad$ $C_i \leftarrow$ 最小值($\mathcal{H}, h$)

12　$\quad$ 如果 $C_i \neq C_g$ 且 $c(i) < \infty$ 则

13　$\quad\quad$ 当 C_i 为开 就

14　$\quad\quad\quad$ $a \leftarrow r$

15　$\quad\quad\quad$ $s \leftarrow$ 极值($\mathcal{P}_i$) s. t. s $\notin \mathcal{B}_i$

16　$\quad\quad\quad$ 重复

17　$\quad\quad\quad\quad$ $C_i \leftarrow$ 创建邻城图(C_j, α, s)

18　$\quad\quad\quad\quad$ $\alpha \leftarrow \alpha \cdot 0.9$

19　$\quad\quad\quad$ 直到相似图表(C_i, C_j, ϵ)

20　$\quad\quad\quad$ $\mathcal{A} \leftarrow \mathcal{A} \cup \{C_j\}$

21　$\quad\quad$ $\mathcal{V} \leftarrow \mathcal{V} \cup \{C_j\}$

22　$\quad\quad$ $x_i \leftarrow$ 中心(C_i)

23　$\quad\quad$ 对于所有 $C_j \in$ 邻域(C_j)

24　$\quad\quad\quad$ 如果 $C_j \notin \mathcal{V}$ 则

25　$\quad\quad\quad\quad$ $x_j \leftarrow$ 中心(C_j)

26　$\quad\quad\quad\quad$ $t \leftarrow c(i) + C_{ST}(x_i, x_j)$

27　$\quad\quad\quad\quad$ 如果 $C_i \notin \mathcal{H}$ 或 $t < c(j)$ 则

28　$\quad\quad\quad\quad\quad$ $\mathcal{H} \leftarrow \mathcal{H} \cup \{C_j\}$

29　$\quad\quad\quad\quad\quad$ $p(j) \leftarrow i$

30　$\quad\quad\quad\quad\quad$ $c(j) \leftarrow t$

31　$\quad\quad\quad\quad\quad$ $h(j) \leftarrow t + H_{ST}(x_i, x_g)$

32　$\quad$ 如果 $C_i = C_g$ 则

33　$\quad\quad$ 返回(重建路径(s, g, p))

34　$\quad$ 否则

35　$\quad\quad$ 返回(ϕ)

5.4 示例分析

本节将给出 A^* 规划方法在两种不同情况下的性能：一种是在虚拟三维 C 空间中；另一种是在物理的 3 - RRR 并联机器人中。选择前一种情况是因为采用简洁实例详细说明并可视化所提出的方法，选择后一种情况是为了验证该方法在复杂实际应用中的性能。需要注意的是，在这两种情况下，均未使用 C 的封闭形式参数。此外，尽管结果图中显示了奇异点轨迹和工作空间（使用第 3 章和第 4 章中的方法计算获得），但这些图的目的是为了给读者提供参考，而本路径规划方法并未以任何形式使用这些集合的显式知识。所有给出的结果均通过在配备 2.66 GHz 英特尔酷睿 i7 处理器的 MacBook Pro 上执行文献[37]中所提供的 A^* 方法并采用 C 语言实现获得的。在实验过程中使用了目标函数式(5.15)和式(5.16)。

5.4.1 一个简单示例

考虑隐式定义的虚拟 C 空间，即

$$\boldsymbol{\Phi}(q_1,q_2,q_3)=q_1-\sigma\cos(\omega(q_2^2+q_3^2))=0$$

式中：$\sigma=0.5$ 且 $\omega=0.25$。该方程在 $\boldsymbol{q}=(q_1,q_2,q_3)$ 空间定义了一个正弦曲面，该曲面在定义域 $\boldsymbol{q}\in[-1,1]\times[-20,20]\times[-20,20]$ 上的图像如图 5.6 所示。

假设驱动自由度的元组为 $\boldsymbol{v}=(q_1,q_2)$，这样就有 $\boldsymbol{y}=(q_3)$。正运动学奇异点可由以下方程给出，即

$$\det(\boldsymbol{\Phi}_y)=\frac{\partial\boldsymbol{\Phi}}{\partial q_3}=2\sigma\omega q_3\sin(\omega(q_2^2+q_3^2))=0$$

当 $\omega(q_2^2+q_3^2)=n\pi, n\in\mathbb{Z}$ 时，或当 $q_3=0$ 时，方程的值保持不变。因此，奇异点轨迹由一族同心圆和一条正弦曲线构成，即图 5.6（上）所示的红色曲线。需注意，根据 2.2 节的几何解释，红色轨迹上的点是 C 空间的切平面中垂直于 (q_1, q_2) 平面的直线投影的点。

图 5.6（下）显示了当试图连接两个构型 $\boldsymbol{q}_s=(0,4.33,-0.38)$ 和 $\boldsymbol{q}_g=(0,-4.33,-0.38)$ 时，由 A^* 方法规划获得的结果。

为了进行比较，图 5.6 中对比显示了在 $\mathcal{C}$（左图）和在 $\mathcal{M}$（右图）中规划的计算路径（用绿色标出），分别代表允许和不允许穿过奇异点。两种情况下，规划的路径均为在图谱分辨率限制下所能达到的最短路径。这些图谱的图表在图中

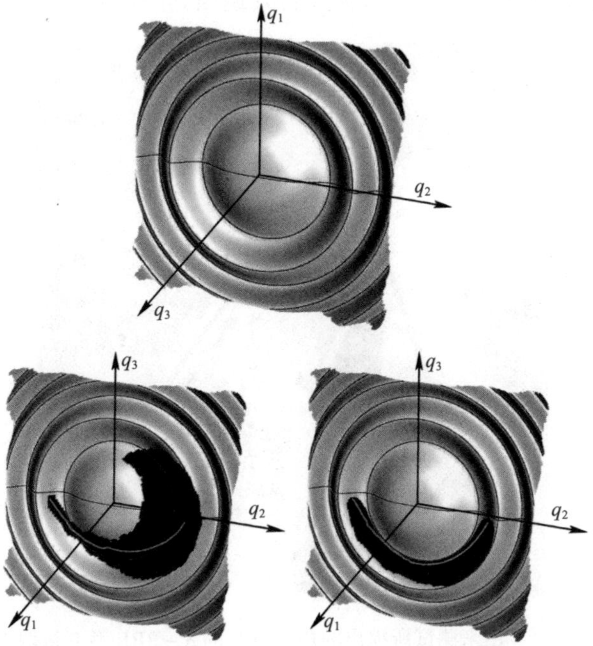

图5.6 (上)一个虚拟的三维 C 空间,假设q_1和q_2是驱动自由度,其奇异点以红色突出显示。(下)当忽略和考虑奇异点避免时(对应下左图和下右图),由所提出算法计算的路径。图中,奇异点轨迹用红色表示,为连接两个构型搜索的图表用蓝色多边形表示,最终返回的路径用绿色表示。左边的路径穿过奇异点集两次,右边的路径不穿过奇异点

用蓝色表示。

如图5.6可见,左图的路径与奇异点轨迹相交两次,而右图的路径虽然较长,却避免了相交。当后一条路径接近奇异点轨迹时,由于算法将$|b|$的值保持在阈值$b_{\max}$以下,所以总是保证最小间隙。在本例中,设置了$b_{\max}=12$,但如果需要,可以通过改变阈值获得具有更大间隙的路径。注意在任何情况下,$b_{\max}$都应该始终大于$|b(\boldsymbol{q}_s)|$和$|b(\boldsymbol{q}_g)|$的最大值,以保证限制搜索的域$\mathcal{D}$(5.2节)同时包含$\boldsymbol{x}_s$和$\boldsymbol{x}_g$。在本例中,延拓参数使用的是$r=0.25$和$\epsilon=0.25$。

5.4.2 3-RRR并联机器人

本小节将提出的规划方法在图5.7所示的3-RRR机器人上进行实验测试。完整的系统还具有图形界面,用于选择初始和目标构型、分析传感器数据以及规划、模拟和执行运动路径。机器人由Arduino MEGA板控制,其中嵌入了底

层控制回路,能够获取所有传感数据并将其返回到图形界面。

图 5.7 用来测试所提出的规划方法的 3 – RRR 并联机器人

该机器人实际上是 3.5.1 小节中研究的 3 – RRR 机构的实物模型(符号见该节和图 3.6)。与三角形机架连接的关节为活动关节,其几何参数与表 3.2 所列相同,与 Bonev 在文献[39 – 40]中研究的机器人相符。该机构具有较大的工作空间,且将致动器安装在底座上,可减轻运动装置的重量,因此该机构成为常见的典型三自由度平面并联机构[40 – 42]。

通过设置机器人的几何结构,使每条支链的两个连杆在不同的平面上运动,从而避免干涉。通过这种方式,可以改变支链的工作模式,这说明可以在不失去对机器人控制的情况下完成模式切换。对这一事实的怀疑最初在文献[40]的 70 页有所提及。之前认为中间支链关节中的弹簧或连杆惯性对于使其翻转是必要的,但事实是当驱动 A_i 关节时,只要避免正运动学奇异性,这种翻转可以自主实现且可控。事实上,文献[43]采用真实模型验证了通过主动关节控制来切换工作模式的可能性。

3.5.1 小节的公式可以用于式(5.2)中。该机构的奇异轨迹是二维的,形状比较复杂。图 3.10 中显示了不同 θ_8 值对应的切片,为方便起见,图 5.8(a)中展示了对应于 $\theta_8 = 0$ 的切片。从这些图中可以看出,机构安全运动范围会因奇异点的存在而大大缩小。例如,图 3.6 中的 P_7 不能在 $\theta_8 = 0$ 的情况下从 P_s 运动到 P_g。需要注意的是,在 C 空间到 (x_7, y_7) 平面的投影中,平台的每个姿态 $(x_7, y_7,$

θ_8)最多有 8 个机构的逆运动学解,每个逆解均对应于不同的工作模式,由符号($\kappa_1,\kappa_2,\kappa_3$)标识,其中$\kappa_i$表示支链三角形$P_iP_{i+3}P_{i+6}$[40]的方向。因此,$C$ 空间的结构比看起来要多。它由多个"层"组成,每层对应不同的工作模式,如果单独投影这些层,更大的无奇异点区域就会显现出来。

例如,图 5.8(b)展示了对应于$\theta_8=0°$时的(+,+,+)和(+,+,−)工作模式层,以及位于其上的奇异点曲线,以及各种情况下的代表构型,其中P_7与P_s重合。如图 5.8 所示,P_s到P_g可以通过完全位于(+、+、+)层的无奇异点路径连接。设定参数 $b_{\max}=3.333$、$r=0.2$,并且 $\epsilon=0.25$,A* 规划方法能够在 0.05s 内计算出这一避奇异路径,获得图 5.9 所示的结果,其中P_s和P_g位置设置为$P_s=(0.4,0.6)$和$P_g=(1.4,1.5)$。图 5.9(b)中显示了当接近奇异点时 $\mathcal{M}$ 如何达到更高的 b 值,但是规划的路径避开了这些区域,并且算法返回了 $\mathcal{M}$ 中最短的可能路径(在文献[44]中的视频展示了该三维图的不同视图)。图 5.9(a)中蓝色区域显示的为规划过程中路径搜索而生成的部分图谱。

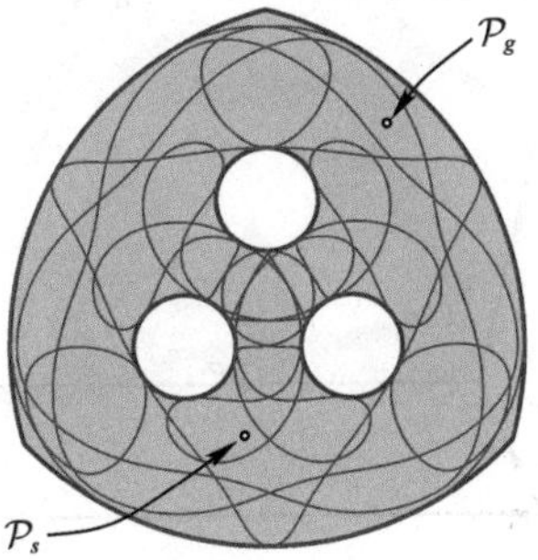

(a)

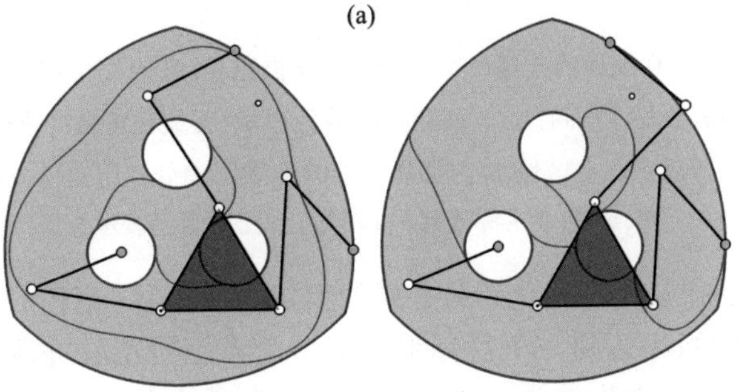

(b)

图 5.8 对应于 $\theta_8=0$ 的切片及其工作模式层和奇异点曲线

(a)以 $P_7=(x_7,y_7)$为参考点、3−RRR 机器人$\theta_8=0$(灰色)的恒定方位工作空间(图 3.6)(正运动学和逆运动学奇异点分别以红色和蓝色显示);(b)相对于两种工作模式的工作空间"层"以及奇异曲线。

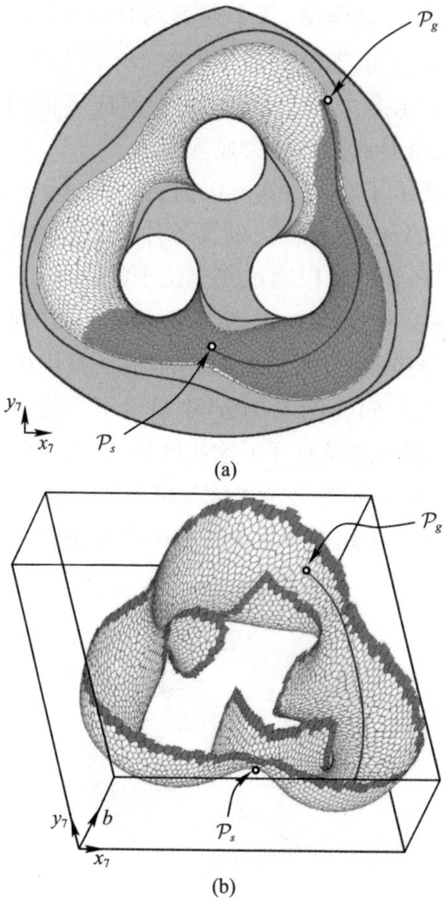

图 5.9 假设$\theta_8=0$规划的连接P_s和P_g的避奇异点路径(所有结果都投影到(x_7,y_7)平面(a)和(x_7,y_7,b)空间(b)。该路径以绿色显示,覆盖在可从P_s获得的$\mathcal{C}$的无奇异分量的图谱上。在区域$\mathcal{D}$内部和外部的地图图表分别用白色或红色表示。在(a)图中实际连接P_s和P_g的路径用蓝色表示)

虽然可以获得从一层变化到另一层的恒定方向路径(当P_7到达蓝色曲线时发生的变化),但当为达到一个目标平台被迫沿着路径旋转并改变其工作模式时,所提出的规划方法的全部潜力得以体现。为了体现该过程的难度,图 5.10 以(x_7,y_7,θ_8)坐标(蓝色)显示了整体工作空间边界以及模式(+,+,+)和(+,+,-)的正向奇异面(红色)。本书的序言还再现了该书(-,-,-)模式的相应情节。如图 5.11 和图 5.12 所示,对于给定的路径规划要求,初始位形和最终位形将对应于P_7在不同图表中的位置,规划算法必须将P_7从一个位置带到另一个位置,同时避免复杂的红色表面!

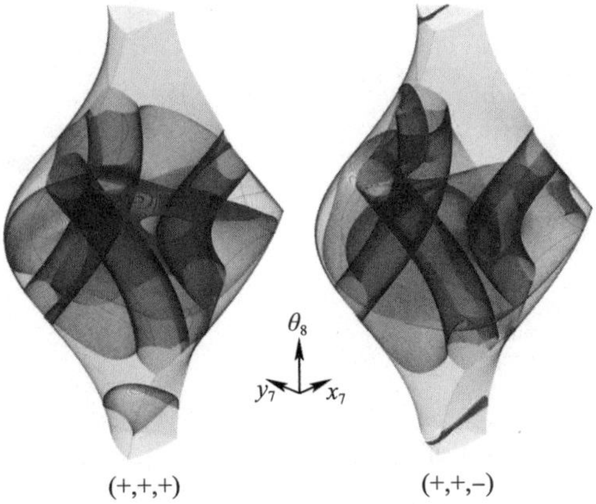

图 5.10 图 5.7 的 3 - RRR 机器人在(+,+,+)和(+,+,-)工作模式(x_7,y_7,θ_8)坐标中的工作空间边界(蓝色),以及其正运动学奇异点(红色)(图中在一个随机的位置给出了各轴参考方向。本图涵盖θ_8的全部范围[-π,π]。本书配套网页提供了这些图片的动画版本)

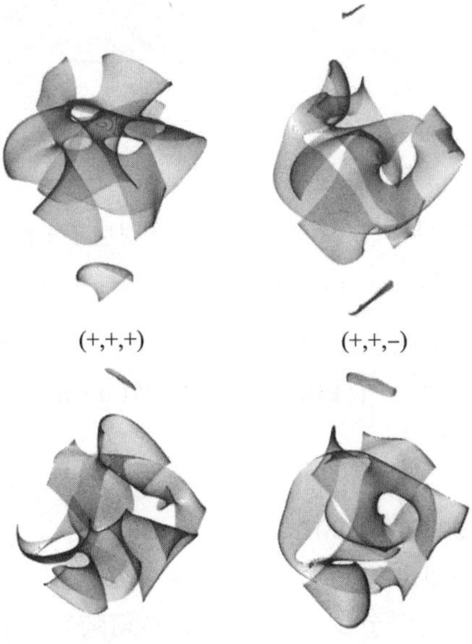

图 5.11 3 - RRR 机器人在(x_7,y_7,θ_8)空间中对应工作模式(+,+,+)、(+,+,-)以及(+,-,+)和(+,-,-)的正运动学奇异面

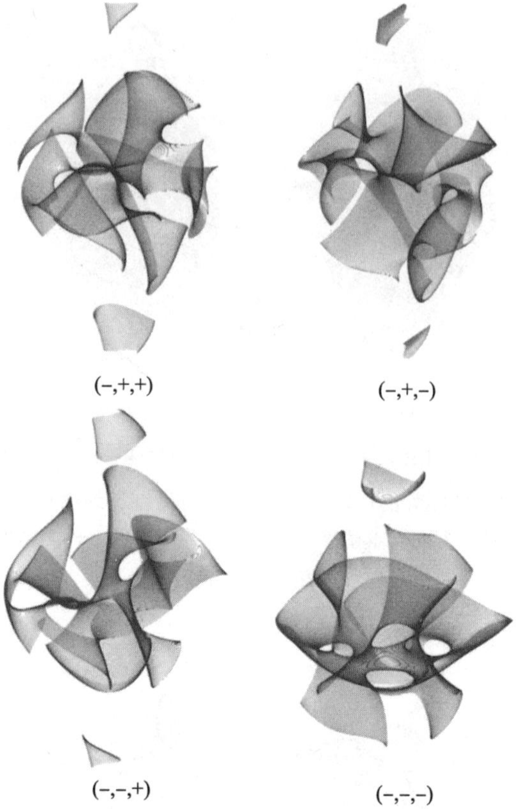

图 5.12　3 – RRR 机器人在(x_7,y_7,θ_8)空间中对应于工作模式(– , + , +)、(– , + , –)、(– , – , +)和(– , – , –)的正运动学奇异面

由于上述图中难以实现三维曲线可视化,因此这里通过多组构型来显示所规划的路径(图 5.13)。第一个和最后一个构型(a)和(i)分别为待连接的初始和目标构型,其参数如下:

构型	P_7	θ_8	工作模式
初始	(−0.3, −0.9)	0	(+ , − , −)
目标	(0.5,1.9)	$-\pi/2$	(− , + , −)

从图 5.13 中可以看出,至少有两条支链必须随着路径改变工作模式,这可以由第一条支链的构型(c)和(d)之间以及第二条支链的构型(f)和(g)之间的路径看出。每幅图中显示的工作空间和奇异点均为相应的瞬时方向(即它们是类似于图 5.10 中的水平横截面),并且可以看到它们随着方向而变化。在本例中,给定参数 $r = 0.3$ 和 $\epsilon = 0.25$,算法用时 1s。本书的配套网页给出了对应图 5.13的动画视频[44]。

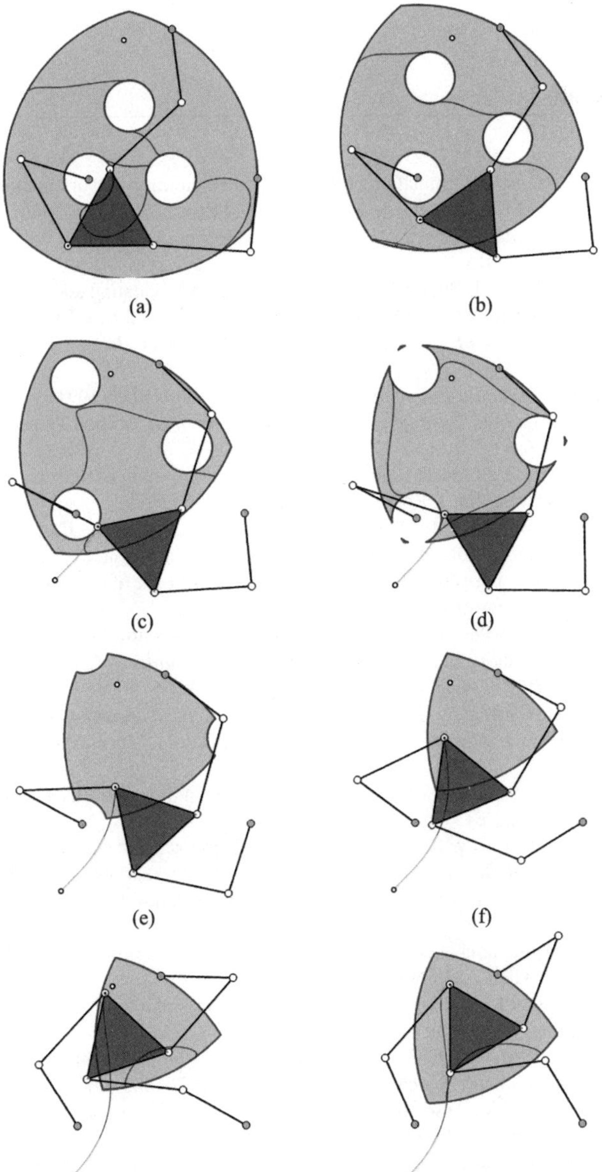
(a) (b) (c) (d) (e) (f) (g) (h)

图5.13 在图5.7中,当执行构型(a)和(h)之间的路径规划时机器人运动的几个瞬间(完整运动过程视频见文献[44])

参考文献

1. Q. Jiang, C.M. Gosselin, Determination of the maximal singularity-free orientation workspace for the Gough-Stewart platform. Mech. Mach. Theory **44**(6), 1281–1293 (2009)
2. MECADEMIC: Affordable Desktop High-Accuracy Robot Arms, http://www.mecademic.com. Accessed 26 Dec 2015
3. F. Bourbonnais, P. Bigras, I. Bonev, Minimum-time trajectory planning and control of a pick-and-place five-bar parallel robot. IEEE/ASME Trans. Mechatron. **20**(2), 740–749 (2015)
4. J. Canny, *The Complexity of Robot Motion Planning* (The MIT Press, Cambridge, Massachusetts, 1988)
5. J.-C. Latombe, *Robot Motion Planning* (Kluwer Academic Publisher, 1991)
6. L.E. Kavraki, S.M. LaValle, *Springer Handbook of Robotics*, ch. Motion Planning (Springer, 2008), pp. 109–131
7. J.M. Porta, L. Jaillet, O. Bohigas, Randomized path planning on manifolds based on higher-dimensional continuation. Int. J. Robot. Res. **31**(2), 201–215 (2012)
8. J. Porta, L. Ros, O. Bohigas, M. Manubens, C. Rosales, L. Jaillet, The CUIK suite: motion analysis of closed-chain multibody systems. IEEE Robot. Autom. Mag. **21**(3), 105–114 (2014)
9. C. Jui, Q. Sun, Path tracking of parallel manipulators in the presence of force singularity. ASME J. Dyn. Syst. Measur. Control **127**, 550–563 (2005)
10. S. Briot, V. Arakelian, On the dynamic properties and optimum control of parallel manipulators in the presence of singularity, in *Proceedings of the IEEE International Conference on Robotics and Automation, ICRA (Pasadena, USA)* (2008), pp. 1549–1555
11. S. Bhattacharya, H. Hatwal, A. Ghosh, Comparison of an exact and an approximate method of singularity avoidance in platform type parallel manipulators. Mech. Mach. Theory **33**(7), 965–974 (1998)
12. H. Schaub, J.L. Junkins, Singularity avoidance using null motion and variable-speed control moment gyros. J. Guidance Control Dyn. **23**(1), 11–16
13. G. Marani, J. Kim, J. Yuh, W.K. Chung, A real-time approach for singularity avoidance in resolved motion rate control of robotic manipulators, in *Proceedings of the IEEE International Conference on Robotics and Automation, ICRA (Washington D.C., USA)*, vol. 2 (2002), pp. 1973–1978
14. B. Dasgupta, T.S. Mruthyunjaya, Singularity-free path planning for the Stewart platform manipulator. Mech. Mach. Theory **33**(6), 711–725 (1998)
15. S. Sen, B. Dasgupta, A.K. Mallik, Variational approach for singularity-free path-planning of parallel manipulators. Mech. Mach. Theory **38**(11), 1165–1183 (2003)
16. A.K. Dash, I. Chen, S.H. Yeo, G. Yang, Workspace generation and planning singularity-free path for parallel manipulators. Mech. Mach. Theory **40**(7), 776–805 (2005)
17. K.H. Hunt, E.J.F. Primrose, Assembly configurations of some in-parallel-actuated manipulators. Mech. Mach. Theory **28**(1), 31–42 (1993)
18. C. Innocenti, V. Parenti-Castelli, Singularity-free evolution from one configuration to another in serial and fully-parallel manipulators. ASME J. Mech. Des. **120**, 73 (1998)
19. P.R. McAree, R.W. Daniel, An explanation of never-special assembly changing motions for 3–3 parallel manipulators. Int. J. Robot. Res. **18**(6), 556–574 (1999)
20. E. Macho, O. Altuzarra, C. Pinto, A. Hernandez, Transitions between multiple solutions of the direct kinematic problem, eds. by J. Lenarcic, P. Wenger. *Advances in Robot Kinematics: Analysis and Design* (Springer, 2008), pp. 301–310
21. M. Zein, P. Wenger, D. Chablat, Singular curves in the joint space and cusp points of 3-RPR parallel manipulators. Robotica **25**(6), 717–724 (2007)

22. M. Urízar, V. Petuya, O. Altuzarra, E. Macho, A. Hernández, Computing the configuration space for tracing paths between assembly modes. J. Mech. Robot. **2**(3), 031002–1–031002–11 (2010)
23. S. Caro, P. Wenger, D. Chablat, Non-singular assembly mode changing trajectories of a 6-DOF parallel robot, in *Proceedings of the ASME International Design Engineering Technical Conferences and Computers and Information in Engineering Conference, IDETC/CIE (Chicago, USA)* (2012), pp. 1–10
24. M. Urízar, V. Petuya, O. Altuzarra, A. Hernández, Assembly mode changing in the cuspidal analytic 3-RPR. IEEE Trans. Robot. **28**(2), 506–513 (2012)
25. M. Manubens, G. Moroz, D. Chablat, P. Wenger, F. Rouillier, Cusp points in the parameter space of degenerate 3-RPR planar parallel manipulators. J. Mech. Robot. **4**(4), 041003–1–041003–8 (2012)
26. O. Bohigas, M.E. Henderson, L. Ros, J.M. Porta, A singularity-free path planner for closed-chain manipulators, in *Proceedings of the IEEE International Conference on Robotics and Automation, ICRA (St. Paul, USA)* (2012), pp. 2128–2134
27. M.E. Henderson, *Numerical Continuation Methods for Dynamical Systems: Path Following and Boundary Value Problems*, ch. Higher-Dimensional Continuation (Springer, 2007), pp. 77–115
28. S.G. Krantz, H.R. Parks, *The Implicit Function Theorem: History*, Theory and Applications (Birkhäuser, 2002)
29. M.E. Henderson, Multiple parameter continuation: computing implicitly defined k-manifolds. Int. J. Bifurcat. Chaos **12**(3), 451–476 (2002)
30. M.E. Henderson, Multiparameter parallel search branch switching. Int. J. Bifurcat. Chaos Appl. Sci. Eng. **15**(3), 967–974 (2005)
31. H.B. Keller, *Applications of Bifurcation Theory* (Academic Press, 1977)
32. W.C. Rheinboldt, MANPACK: a set of algorithms of computations on implicitly defined manifolds. Comput. Math. Appl. **32**(12), 15–28 (1996)
33. Q. Zhang, G. Xu, Curvature computations for n-manifolds in $\mathbb{R}^{n+m}$ and solution to an open problem proposed by R. Goldman. Comput. Aided Geom. Des. **24**(2), 117–123 (2007)
34. W.J.F. Govaerts, *Numerical Methods for Bifurcations of Dynamical Equilibria* (Society for Industrial and Applied Mathematics (SIAM), 2000)
35. S.J. Russell, P. Norvig, *Artificial Intelligence: A Modern Approach* (Prentice Hall, 2003)
36. D. Berenson, S.S. Srinivasa, J.J. Kuffner, Task space regions: a framework for pose-constrained manipulation planning. Int. J. Robot. Res. **30**(12), 1435–1460 (2011)
37. The CUIK Project Home Page, http://www.iri.upc.edu/cuik. Accessed 16 Jun 2016
38. A. Rajoy, Planificación y ejecución de trayectorias libres de singularidades en robots paralelos 3-RRR, Master's thesis, Universitat Politècnica de Catalunya, 2015. Available through http://goo.gl/Hsba1K. Accessed 26 Dec 2015
39. I.A. Bonev, C.M. Gosselin, Singularity loci of planar parallel manipulators with revolute joints," in *Proceedings of the 2nd Workshop on Computational Kinematics (Seoul, South Korea)* (2001), pp. 291–299
40. I.A. Bonev, *Geometric Analysis of Parallel Mechanisms*. PhD thesis, Faculté des Sciences et de Génie, Université de Laval, 2002
41. J. Kotlarski, B. Heimann, T. Ortmaier, Influence of kinematic redundancy on the singularity-free workspace of parallel kinematic machines. Front. Mech. Eng. **7**(2), 120–134 (2012)
42. A. Peidró, O. Reinoso, A. Gil, J.M. Marín, L. Payá, A virtual laboratory to simulate the control of parallel robots. *IFAC-PapersOnLine*, vol. 48, no. 29, pp. 19–24, 2015. Paper from the IFAC Workshop on Internet Based Control Education (IBCE15), Brescia (Italy)
43. L. Campos, F. Bourbonnais, I.A. Bonev, P. Bigras, Development of a five-bar parallel robot with large workspace, in *Proceedings of the ASME International Design Engineering Technical Conferences and Computers and Information in Engineering Conference, IDETC/CIE (Montreal, Canada)* (2010)
44. Companion web page of this book, http://www.iri.upc.edu/srm. Accessed 16 Jun 2016

第6章 附加约束的避奇异路径规划

在前述章节中，已经根据雅可比矩阵测量了路径相对于奇异点位置的间隙。但在机构的早期设计阶段，只有运动学结构是确定的，因而这种测量缺乏物理意义[1]。更多用于进一步计算的信息，如末端执行器的期望定位精度、制动器可传递的最大力/速度或连杆惯性，通常还不可用。第5章的规划方法已经可以满足机器人设计师在这种情况下的需求，因为它可以计算出潜在可行运动的精确路线图。然而，对于机器人后续设计阶段或者正常运行期间的运动规划，需要考虑进一步的物理限制。

本章提出了一种解决这一问题的方法，并以刚性支链和绳驱六足并联机构为例进行说明。依据文献[2-3]的思路，在仅允许力旋量构型的情况下，即受力始终保持在给定限制内的情况下计算路径间隙，而对于任何平台，力旋量在任意方向上存在有限的椭球不确定性(6.1节)。

该方法需要定义一个方程组，该方程组的解流形与机构的力旋量可行 C 空间相对应，可通过操纵该流形保证始终避免奇异性，同时将连杆力和长度保持在其允许范围内(6.2节)。这个流形以及通过约束某些位姿参数得到的子流形，在任何地方都是光滑的(6.3节)，这样可以利用第5章中的延拓方法来推导给定构型之间的路径。提出的方法通过一个刚性支链和绳驱六足并联机构进行了示例说明(6.4节)，最后给出了计算不确定椭球体和处理替代约束和结构的注意事项(6.5节和6.6节)。

6.1 力旋量约束

在本章中，六足并联机构由一个通过6条支链连接到固定底座的移动平台组成，6条支链可以由万向节-移动副-球副组成，如 Gough-Stewart 平台

(3.5.2 小节),也可以是由缠绕在独立绞盘上的缆绳组成,如绳驱机器人(图6.1)。支链长d_i可以在规定的范围($\underline{d_i}$,$\overline{d_i}$)内变化,通过移动关节或绞盘驱动,可以控制平台的6个自由度。

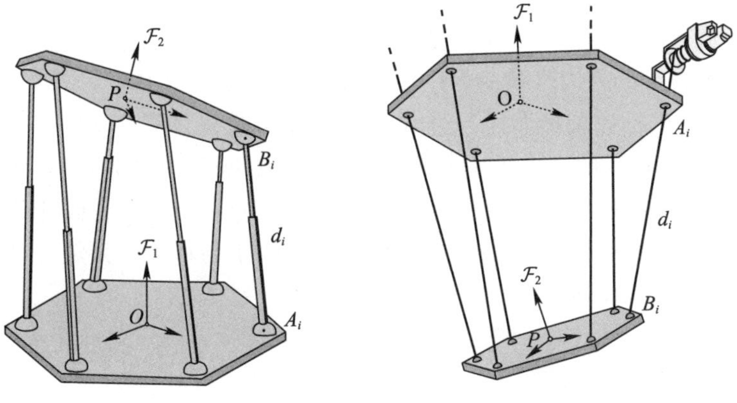

图6.1 受重力作用的绳驱六足并联机构保持在稳定的位置

(a)刚性支链;(b)绳驱六足并联机构。

六足并联机构的可行构型可以用类似于3.5.2小节的方法来隐式定义。固定和移动坐标系$\mathcal{F}_1$和$\mathcal{F}_2$,分别连接到基座和平台连杆上,以O和P为原点(图6.1)。设A_i和B_i分别为支链i在底座和平台上的定位点,$\boldsymbol{p}$和$\boldsymbol{a}_i$为P和A_i相对于坐标系$\mathcal{F}_1$的位置矢量,$\boldsymbol{b}_i$为B_i相对于坐标系$\mathcal{F}_2$的位置矢量。可以用$\boldsymbol{q}=(\boldsymbol{p},\boldsymbol{R})\in SE(3)=\mathbb{R}^3\times SO(3)$来表示任何平台构型,受到以下约束,即

$$\boldsymbol{d}_i=\boldsymbol{p}+\boldsymbol{R}\boldsymbol{b}_i-\boldsymbol{a}_i \tag{6.1}$$

$$d_i^2=\boldsymbol{d}_i^{\mathrm{T}}\boldsymbol{d}_i \tag{6.2}$$

$$\underline{d_i}<d_i<\overline{d_i} \tag{6.3}$$

式中:$i=1,\cdots,6$;$\boldsymbol{R}$为3×3旋转矩阵,提供$\mathcal{F}_2$相对于$\mathcal{F}_1$的方向。而式(6.1)和式(6.2)使支链长d_i与$\boldsymbol{p}$和$\boldsymbol{R}$是线性相关的,式(6.3)中的不等式将这些长度限制在($\underline{d_i}$,$\overline{d_i}$)中。

在第3章中,$\boldsymbol{R}$的正交性可以通过多种方式来实现。这里,假设在式(6.1)中$\boldsymbol{\tau}$用$\boldsymbol{R}$的函数表示,SO(3)为参数化的任意3个角度所构成的元组,如欧拉角、倾斜角和扭转角[4]。这使得在SE(3)的恒定角度切片中规划问题更加容易,在并联机器人运动中是有用的[4],并且避免了处理旋转矩阵的非最小表示中所需的附加约束。尽管随后引入了相对于角度选择的代表性奇异点[5, p31],但

并不会产生新的问题，因为解决规划问题所需的平滑特性将保持不变。

实际上，不是所有满足式(6.1) ~ 式(6.3)的构型都是可行的，因为支链力必须保持在其允许范围内。这在绳驱机器人中尤其重要，在绳驱机器人中，所有缆索都必须保持张紧以控制平台，在刚性臂机器人中也是如此，以避免制动器中的过度应力或结构的损坏。出于这一原因，若要任何构型都是可行的，必须使平衡作用在平台上的外力旋量$\widehat{\boldsymbol{\omega}}$位于规定的六维区域$\mathcal{K}\subset\mathbb{R}^6$内。

假定$\widehat{\boldsymbol{\omega}}$的坐标以旋量形式[6]给出，即前 3 个分量提供平台上的合力，后 3 个分量给出相对于 O 的合力矩。另外，$\mathcal{K}$ 的取值取决于具体的应用环境。例如，在有效载荷运输中 $\mathcal{K}$ 由作用在平台上的重力力旋量以及惯性力或外部因素（如风）引起的轻微扰动给出。在接触情况下，$\mathcal{K}$ 取决于与环境的接触力旋量，这通常受到六维不确定性的影响。

在任何情况下，给定 $\boldsymbol{q}$ 的力旋量可行性要求意味着对于每一个$\widehat{\boldsymbol{\omega}}\in\mathcal{K}$，必须有一个允许的支链力矢量，即

$$\boldsymbol{f}=(f_1,\cdots,f_6)\in\mathcal{D}=(\underline{f_1},\overline{f_1})\times\cdots\times(\underline{f_6},\overline{f_6})$$

满足

$$\boldsymbol{J}\cdot\boldsymbol{f}=\widehat{\boldsymbol{\omega}}$$

式中：$(\underline{f_i},\overline{f_i})$为第 i 条支链可以抵抗的力的大小范围；$\boldsymbol{J}$ 为机器人的 6 × 6 旋量雅可比矩阵，其值取决于 $\boldsymbol{q}$[7]。

为了简化操作，假定 $\mathcal{K}$ 是一个以力旋量$\widehat{\boldsymbol{\omega}}_0\in\mathbb{R}^6$为中心的六维椭球体，由不等式隐式定义，即

$$(\widehat{\boldsymbol{\omega}}-\widehat{\boldsymbol{\omega}}_0)^{\mathrm{T}}\boldsymbol{E}(\widehat{\boldsymbol{\omega}}-\widehat{\boldsymbol{\omega}}_0)\leqslant 1$$

式中：$\boldsymbol{E}$ 为 6 × 6 正定对称矩阵。

为了一致性，$\boldsymbol{J}$、$\widehat{\boldsymbol{\omega}}_0$和 $\boldsymbol{E}$ 必须在同一坐标系中表示。尽管可以使用任意的坐标系，但为了详述实例，假定 $\boldsymbol{J}$、$\widehat{\boldsymbol{\omega}}_0$和 $\boldsymbol{E}$ 都在坐标系$\mathcal{F}_1$表示。在这个坐标系中，$\boldsymbol{J}$ 具有以下形式，即

$$\boldsymbol{J}=\begin{bmatrix}\boldsymbol{u}_1 & \cdots & \boldsymbol{u}_6\\ \boldsymbol{a}_1\times\boldsymbol{u}_1 & \cdots & \boldsymbol{a}_6\times\boldsymbol{u}_6\end{bmatrix}$$

式中：$\boldsymbol{u}_i=\boldsymbol{d}_i/d_i$，并且$\widehat{\boldsymbol{\omega}}_0$和 $\boldsymbol{E}$ 通常都是 $\boldsymbol{q}$ 的函数，有

$$\widehat{\boldsymbol{\omega}}_0=\widehat{\boldsymbol{\omega}}_0(\boldsymbol{q})$$

$$\boldsymbol{E}=\boldsymbol{E}(\boldsymbol{q})$$

这取决于六足并联机构所应用的工况。

六足机器人目前有很多应用场景(图 6.2),包括机床技术、飞行和自动模拟、有效载荷定位、检查、飞机制造和维护、膨胀模拟、油井灭火或管道组装,每个特定的情况都需要与之对应的$\widehat{\boldsymbol{\omega}}_0$和 $\boldsymbol{E}$。如图 6.3(a)所示,为 Okuma[8]、Ingersoll[12]、Toyoda[13]、Mikrolar 公司[14]所生产的机床应用六足机器人的典型情况。在这种情况下,支链必须抵消钻削力旋量$\widehat{\boldsymbol{\omega}}_{\mathrm{drill}}$的作用力,$\widehat{\boldsymbol{\omega}}_{\mathrm{drill}}$可以由一个以点$\widehat{\boldsymbol{\omega}}_0$

图 6.2　从左到右,从上到下:Okuma PM - 600 加工中心(顶部)和一个夹持刀具的六足并联机构平台(底部)[8](美国国家标准和技术研究所的一名工作人员对 TETRA RoboCrane 进行编程和监控[9],以在支柱上拾取、放置钢梁;一种用于飞机制造和维护的绳驱六足机器人[9];膨胀模拟器[10-11])[图片由 Okuma Corporation(日本),国家标准和技术研究所(美国)和 Symetrie(美国)提供]

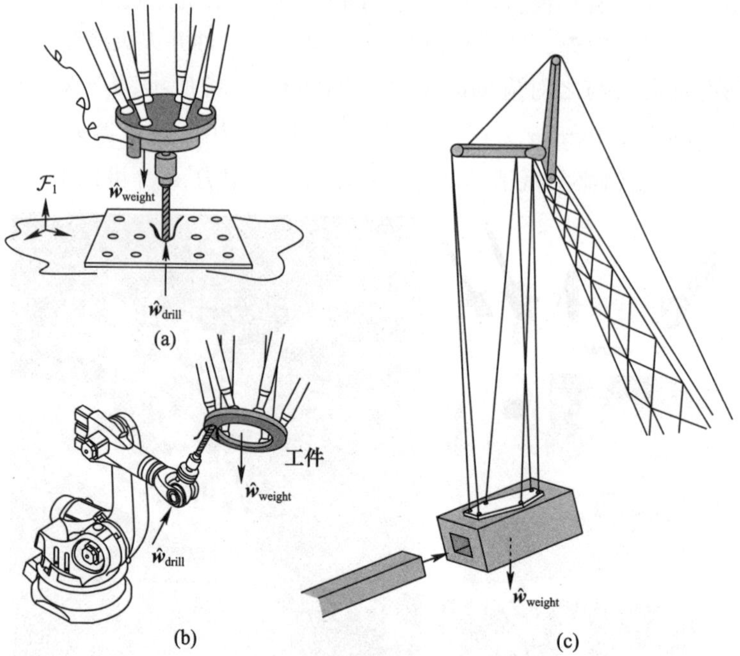

图 6.3　六足并联机构在不同工况下工作

为中心的六维椭球体来约束，$\boldsymbol{E}$ 表示操作的不确定性。需要注意的是，如果平台工具的重量 $\widehat{\boldsymbol{\omega}}_{weight}$ 可以忽略不计，那么在坐标系 $\mathcal{F}_1$ 中 $\widehat{\boldsymbol{\omega}}_0=\widehat{\boldsymbol{\omega}}_{drill}$，但这一定会受 $\widehat{\boldsymbol{\omega}}_{weight}$ 影响而产生偏移，这一偏移量取决于 $\boldsymbol{q}$。如果工件安装在六足并联机构上并随之移动，同时由另一个机器人驱动的刀具以协调的方式钻削加工，那么可以进行更复杂的切削操作（图 6.3(b)）。在这种情况下，最初在平台参考系中表示 $\widehat{\boldsymbol{\omega}}_0$ 和 $\boldsymbol{E}$ 会更简单，其中 $\boldsymbol{E}$ 是常数，而 $\widehat{\boldsymbol{\omega}}_0$ 或者是常数，或者像前述一样偏移了 $\widehat{\boldsymbol{\omega}}_{weight}$，但当在 $\mathcal{F}_1$ 中表示时，$\widehat{\boldsymbol{\omega}}_0$ 和 $\boldsymbol{E}$ 最终将取决于 $\boldsymbol{q}$。在涉及操纵的高有效载荷的应用中，如图 6.3(c)所示，考虑由惯性力或外部因素如风引起的重量的微小扰动是很有必要的。由于重力总是指向同一个方向，所以 $\widehat{\boldsymbol{\omega}}_0$ 和 $\boldsymbol{E}$ 最初可以在一个动平台的坐标系中定义，其原点在质心，其中 $\boldsymbol{E}$ 和 $\widehat{\boldsymbol{\omega}}_0=\widehat{\boldsymbol{\omega}}_{weight}$ 是常数。如果在 $\mathcal{F}_1$ 中表示 $\widehat{\boldsymbol{\omega}}_0$ 和 $\boldsymbol{E}$，它们的表达式将取决于 $\boldsymbol{q}$。6.5 节将进一步详细介绍如何在常见工况中获得 $\boldsymbol{E}(\boldsymbol{q})$ 和 $\widehat{\boldsymbol{\omega}}_0(\boldsymbol{q})$。

6.2 规划方法

现在需要定义机构力旋量的可行 C 空间 $\mathcal{C}$，该空间是可行力旋量的 $\boldsymbol{q}\in SE(3)$

的构型集合,并满足式(6.1)~式(6.3),其中 $i=1,\cdots,6$。因此,面临的规划问题可以归结为计算连接两个给定的 $\mathcal{C}$ 中构型 $\boldsymbol{q}_s$ 和 $\boldsymbol{q}_g$ 的路径,即一个连续的映射

$$\boldsymbol{\kappa}:[0,1]\rightarrow\mathcal{C}$$

使 $\boldsymbol{\kappa}(0)=\boldsymbol{q}_s$ 且 $\boldsymbol{\kappa}(1)=\boldsymbol{q}_g$。为了解决这一问题,用第5章的数值延拓方法构造一个适合 $\mathcal{C}$ 的光滑流形。

6.2.1 力旋量约束下的可行 C 空间描述

对于给定的构型 $\boldsymbol{q}$,使支链的力矢量 $\boldsymbol{f}_0$ 对应于椭球体中心的力旋量,$\widehat{\boldsymbol{\omega}}_0$ 满足下式,即

$$\boldsymbol{J}\cdot\boldsymbol{f}_0=\widehat{\boldsymbol{\omega}}_0 \tag{6.4}$$

通过

$$\boldsymbol{J}(\boldsymbol{f}-\boldsymbol{f}_0)=\widehat{\boldsymbol{\omega}}-\widehat{\boldsymbol{\omega}}_0$$

很容易看出,对应于力旋量 $\widehat{\boldsymbol{\omega}}\in\mathcal{K}$ 的支链力 $\boldsymbol{f}$ 的集合 $\mathcal{F}$ 也是一个椭球体,由下式给出,即

$$(\boldsymbol{f}-\boldsymbol{f}_0)^{\mathrm{T}}\boldsymbol{B}(\boldsymbol{f}-\boldsymbol{f}_0)\leqslant 1$$

式中:$\boldsymbol{B}=\boldsymbol{J}^{\mathrm{T}}\boldsymbol{E}\boldsymbol{J}$。该椭球体可能在所有方向上有界,也可能在某些方向上无界,这取决于是否有 $\det(\boldsymbol{J})\neq 0$。然而,6.3.1小节表明,对于所有 $\boldsymbol{q}\in\mathcal{C}$,$\boldsymbol{J}$ 都是非奇异的,因此 $\mathcal{F}$ 总是有界椭球体(图6.4)。由于对所有 $\boldsymbol{q}\in\mathcal{C}$,$\boldsymbol{J}$ 是满秩的,$\mathcal{C}$ 中路径隐式避免了正运动学奇异点。因此,由输出速度的不确定性或轨迹的刚性损失而引起的控制问题在所规划路径的执行过程中不会遇到。

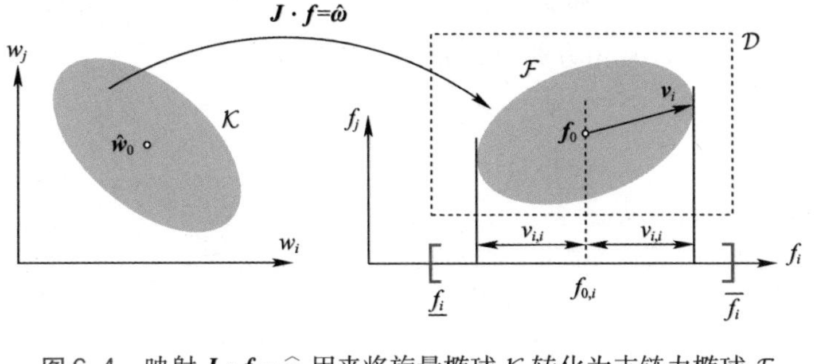

图6.4 映射 $\boldsymbol{J}\cdot\boldsymbol{f}=\widehat{\boldsymbol{\omega}}_0$ 用来将旋量椭球 $\mathcal{K}$ 转化为支链力椭球 $\mathcal{F}$
(矢量 $\boldsymbol{v}_i$ 提供了 $\mathcal{F}$ 范围内 f_i 的最大值和最小值)

为了使 $\boldsymbol{q}$ 可行,必须有 $\mathcal{F}\subseteq\mathcal{D}$,证明如下。矢量 $\boldsymbol{v}_i$ 给出了从 $\mathcal{F}$ 的原点到 $\mathcal{F}$ 中一点的偏移量,最大的 f_i 值为 $\boldsymbol{f}_0+\boldsymbol{v}_i$(图6.4)。对称地,$\boldsymbol{f}_0-\boldsymbol{v}_i$ 是 $\mathcal{F}$ 值极小点。使

用拉格朗日乘子，可以看到 $\boldsymbol{v}_i$ 是唯一满足以下的矢量，即

$$\boldsymbol{v}_i^{\mathrm{T}}\boldsymbol{B}\boldsymbol{v}_i = 1 \tag{6.5}$$

$$\boldsymbol{B}^i\boldsymbol{v}_i = \boldsymbol{0} \tag{6.6}$$

$$v_{i,i} > 0 \tag{6.7}$$

式中：$\boldsymbol{B}^i$ 为 $\boldsymbol{B}$ 中移除了第 i 行获得的矩阵；$v_{i,i}$ 为 $\boldsymbol{v}_i$ 的第 i 个元素。如果 $\boldsymbol{J}$ 是非奇异的，那么 $\boldsymbol{B}$ 和 $\boldsymbol{B}^i$ 都是满秩的，这时只有一个矢量满足式(6.5)～式(6.7)。利用这一矢量，如果 $\det(\boldsymbol{J}) \neq 0$，则无论何时 $\mathcal{F}$ 都包含在 $\mathcal{D}$ 中，即

$$f_{0,i} - v_{i,i} > \underline{f_i} \tag{6.8}$$

$$f_{0,i} + v_{i,i} < \overline{f_i} \tag{6.9}$$

式中：$i = 1, \cdots, 6$。因此，$\mathcal{C}$ 可以表示为满足式(6.1)～式(6.9)的变量 $\boldsymbol{d}_i$、d_i、$\boldsymbol{f}_0$ 和 $\boldsymbol{v}_i$ 的值的点集 $\boldsymbol{q} = (\boldsymbol{p}, \boldsymbol{R}) \in \mathrm{SE}(3)$。

6.2.2 可行 C 空间向方程形式的转化

如 5.2 节所述，需要将式(6.3)和式(6.7)～式(6.9)转换成等式形式，以便能够应用数值延拓方法。这可以用以下两个等价条件替换式(6.3)来实现，即

$$(d_i - \underline{d_i}) \cdot (\overline{d_i} - d_i) \cdot g_i = 1 \tag{6.10}$$

$$g_i > 0$$

式中：g_i 为新定义的辅助变量(图 6.5(a))。显然，这并没有在转换过程中离开不等式的使用，但是从图 6.5(a)中可以看到，如果一个构型 $\boldsymbol{q}$ 对应于一个值 $d_i = a \in (\underline{d_i}, \overline{d_i})$，那么其他根据式(6.10)进行延拓得到的构型都将满足 $\underline{d_i} < d_i < \overline{d_i}$。也就是说，在这种延拓方案下，约束 $g_i > 0$ 可以省略。

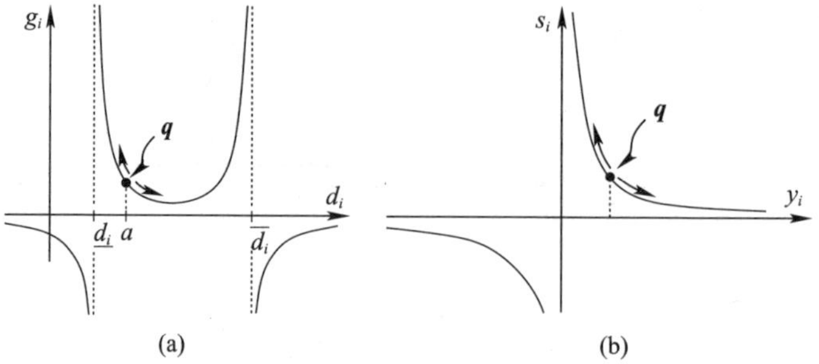

图 6.5　可行 C 空间向方程形式的转化

(a)式(6.10)的图表表明，如果通过对应于 $d_i = a$ 的 $\boldsymbol{q} \in C$ 的延拓来获得式(6.10)的解集，约束 $\underline{d_i} < d_i < \overline{d_i}$ 总会满足；(b) $y_i s_i = 1$ ($y_i = f_{0,i} - v_{i,i} - \underline{f_i}$) 的图形表明这也同样适用于式(6.11)。

同样,式(6.8)和式(6.9)可替换为

$$(f_{0,i}-v_{i,i}-\underline{f_i})\cdot s_i=1 \tag{6.11}$$

$$(\overline{f_i}-f_{0,i}-v_{i,i})\cdot t_i=1 \tag{6.12}$$

$$s_i>0,t_i>0$$

式中:s_i和t_i的作用类似于g_i在式(6.10)中的作用。例如,由图 6.5(b)可以清楚地看出

$$y_i=f_{0,i}-v_{i,i}-\underline{f_i}$$

始终为正值,这样,当从$y_i>0$的构型 $\boldsymbol{q}$ 处开始延拓时,总有$f_{0,i}-v_{i,i}>\underline{f_i}$。同样地,转换也适用于式(6.12),可以用式(6.11)和式(6.12)替换式(6.8)和式(6.9),从而在延拓搜索过程中省略约束$s_i>0$和$t_i>0$。

最后,式(6.7)可以直接省略,因为对于满足式(6.5)和式(6.6)的任何矢量,$v_{i,i}\neq 0$均成立。从式(6.6)中可以看出,除了第 i 个分量外,$\boldsymbol{Bv}_i$都为零。而对于一些满足$v_{i,i}=0$的 i 值,则有$\boldsymbol{v}_i^{\mathrm{T}}\boldsymbol{Bv}_i=0$,这与式(6.5)相矛盾。因此,如果延拓方法从$\boldsymbol{v}_i$的值开始且$v_{i,i}>0$,并且满足式(6.5)和式(6.6),则式(6.7)自然成立。

6.2.3 导航流形

由式(6.1)、式(6.2)、式(6.4)~式(6.6)和式(6.10)~式(6.12)构成的方程组可以简写为

$$\boldsymbol{F}(\boldsymbol{x})=\boldsymbol{0} \tag{6.13}$$

式中:$\boldsymbol{x}$ 为包含其以下所有变量的元组

$$\boldsymbol{p},\boldsymbol{\tau},\boldsymbol{d}_i,d_i,g_i,\boldsymbol{f}_0,\boldsymbol{v}_i,s_i,t_i$$

式中:$i=1,\cdots,6$。该方程组的解集为

$$\mathcal{M}=\{\boldsymbol{x}:\boldsymbol{F}(\boldsymbol{x})=\boldsymbol{0}\}$$

这里称之为导航流形,因为它具有利用数值延拓方法连接 $\boldsymbol{q}_s$和 $\boldsymbol{q}_g$的必要性质。

$\mathcal{M}$ 的子集为

$$\mathcal{M}^+=\{\boldsymbol{x}\in\mathcal{M}:g_i>0,s_i>0,t_i>0,v_{i,i}>0\}$$

显然,$\mathcal{C}$中的任何连续路径都可用$\mathcal{M}^+$中的连续路径表示;反之亦然。因此,计算连接 $\boldsymbol{q}_s$和 $\boldsymbol{q}_g$的 $\mathcal{C}$路径的原始问题归结于计算$\mathcal{M}^+$中连接对应于 $\boldsymbol{q}_s$和 $\boldsymbol{q}_g$的 $\boldsymbol{x}_s$和 $\boldsymbol{x}_g$两点的路径。然而,由于 g_i、s_i、t_i、$v_{i,i}$在 $\mathcal{M}$ 中不为零(6.2.2 小节),$\mathcal{M}^+$和它的补集 $\mathcal{M}\backslash\mathcal{M}^+$是断开的,则在 $\mathcal{M}$ 中规划从 $\boldsymbol{x}_s$到 $\boldsymbol{x}_g$ 的连续路径,实际

上是在$\mathcal{M}^+$中规划。因此，之后在算法中只需要$\mathcal{M}$和式(6.13)。

$\mathcal{M}$是六维且高度非线性的，但在6.3节中已经证明了它是处处光滑的，这样每个点$\boldsymbol{x}$都有一个明确定义的切空间$\mathcal{T}_{\boldsymbol{x}}\mathcal{M}$。如第5章所述，这大大简化了连接$\boldsymbol{x}_s$和$\boldsymbol{x}_g$的延拓方法，因为在$\mathcal{M}$中不存在分叉、尖点或维度变化，所以避免了复杂的分支修剪操作[15]。因此，连接$\boldsymbol{x}_s$和$\boldsymbol{x}_g$可以使用5.3节中提出的方法。

6.2.4 增加位姿约束

除力约束外，在许多场合中（如船体、机翼或建筑立面的喷涂、抛光或清洁），还需进一步限制平台在由姿态的几何或接触约束所定义$\mathcal{C}$的低维子集内移动。如6.4.2小节所述，可以直接将这样的约束添加到式(6.13)中，并写成参数形式，即

$$\begin{bmatrix}\boldsymbol{p}\\ \boldsymbol{\tau}\end{bmatrix}=\boldsymbol{\Omega}(\boldsymbol{\lambda}) \tag{6.14}$$

式中：$\boldsymbol{\Omega}$为任意一组参数$\boldsymbol{\lambda}$的任意光滑函数，或隐式表示为

$$\boldsymbol{C}(\boldsymbol{p},\boldsymbol{\tau})=\boldsymbol{0} \tag{6.15}$$

$\boldsymbol{C}(\boldsymbol{p},\boldsymbol{\tau})$是具有满秩雅可比矩阵$\boldsymbol{C}_{\boldsymbol{p},\boldsymbol{\tau}}$的光滑函数。在6.3.3小节将利用所得方程组获得适用于第5章延拓方法的光滑流形。

6.3 性质证明

在举例验证本节提到的规划方法之前，这里先证明到目前为止已经假设的3个性质，即所有$\mathcal{M}$中的点的旋量雅可比矩阵$\boldsymbol{J}$都是非奇异的、$\mathcal{M}$是光滑的、由式(6.14)和式(6.15)定义的$\mathcal{M}$低维子集也是光滑的。

6.3.1 旋量雅可比矩阵非奇异性的证明

通过矛盾法很容易证明对于所有$\boldsymbol{q}\in\mathcal{C}$矩阵$\boldsymbol{J}$都是满秩的。假设有一个构型$\boldsymbol{q}\in\mathcal{C}$，对于这个构型$\boldsymbol{J}$是秩亏的。这样，由于$\boldsymbol{B}$也是秩亏的，则有$\dim(\ker\boldsymbol{B})\geqslant 1$。在这种情况下，存在某些$i$满足$\ker\boldsymbol{B}=\ker\boldsymbol{B}^i$，即$\boldsymbol{B}^i\boldsymbol{v}_i=\boldsymbol{0}$的所有解都位于$\ker\boldsymbol{B}$中。这意味着，对于这样的$i$，$\boldsymbol{v}_i^{\mathrm{T}}\boldsymbol{B}\boldsymbol{v}_i=0$，这与式(6.5)相矛盾。因此，对于所有$\boldsymbol{q}\in\mathcal{C}$，$\boldsymbol{J}$必须是非奇异的。

6.3.2 导航流形光滑性的证明

为了证明$\mathcal{M}$是光滑流形，需要证明映射$\boldsymbol{F}(\boldsymbol{x})$是可微的且对于所有$\boldsymbol{x}\in\mathcal{M}$，

雅可比矩阵 $\boldsymbol{F}_x$ 都是满秩的。这样,$\mathcal{M}$ 的光滑性即可通过隐函数定理证明[16]。

显然,通过构造函数,$\boldsymbol{F}(\boldsymbol{x})$ 中所有函数都是可微的。对方程重新排序后,$\boldsymbol{F}_x$ 可以用下面的对角阵形式表示,即

$$
\boldsymbol{F}_x=\left[\begin{array}{c|c|c|c|c}
\boldsymbol{\Phi}_y & & & & \\
\hline
* & \boldsymbol{J} & & & \\
\hline
* & & \begin{matrix} \begin{matrix} 2\boldsymbol{v}_1^{\mathrm{T}}\boldsymbol{B} \\ \boldsymbol{B}^1 \end{matrix} & & \\ & \ddots & \\ & & \begin{matrix} 2\boldsymbol{v}_6^{\mathrm{T}}\boldsymbol{B} \\ \boldsymbol{B}^6 \end{matrix} \end{matrix} & & \\
\hline
 & * & * & \boldsymbol{S} & \\
\hline
 & * & * & & \boldsymbol{T}
\end{array}\right]
$$

其中空白表示零子块,星号表示非零子块。$\boldsymbol{\Phi}_y$ 大小为 30×36,其余子块的大小均为 6×6。

为了证明 $\boldsymbol{F}_x$ 是满秩的,需要证明其对角线上的所有子块都是满秩的。

(1) 子块 $\boldsymbol{\Phi}_y$ 是由式(6.1)、式(6.2)和式(6.10)构成的子方程组 $\boldsymbol{\Phi}_y=\boldsymbol{0}$ 的雅可比矩阵,其中

$$
\boldsymbol{y}=(\boldsymbol{p},\boldsymbol{\tau},\boldsymbol{d}_1,\cdots,\boldsymbol{d}_6,g_1,\cdots,g_6) \tag{6.16}
$$

该雅可比矩阵形式为

$$
\boldsymbol{\Phi}_y=\left[\begin{array}{c|c|c|c|c}
* & * & -\boldsymbol{I}_{18\times18} & & \\
\hline
 & & * & \boldsymbol{L} & \\
\hline
 & & & * & \boldsymbol{G}
\end{array}\right] \tag{6.17}
$$

其中,矩阵的列对应于 $\boldsymbol{y}$ 中式(6.16)顺序下的各变量的导数,$\boldsymbol{L}$ 和 $\boldsymbol{G}$ 分别是在各项中含有 $-2d_i$ 和 $(d_i-\underline{d_i})\cdot(\overline{d_i}-d_i)$ 的 6×6 对角矩阵。这样可以看出,$\boldsymbol{\Phi}_y$ 是满秩的,这是因为在式(6.10)和 $\underline{d_i}>0$ 的情况下,$\boldsymbol{L}$ 和 $\boldsymbol{G}$ 中的各项在 $\mathcal{M}$ 中不为零。

(2) 在 6.3.1 小节中证明了块 $\boldsymbol{J}$ 对于所有 $\boldsymbol{q}\in\mathcal{C}$ 都是满秩的,因此对所有的 $\boldsymbol{x}\in\mathcal{M}$ 也是如此。

(3) 包含 $\boldsymbol{B}$ 和 $\boldsymbol{B}^i$ 的 6×6 矩阵只有在 $v_{i,i}=0$ 的情况下才有可能是秩亏的,但是正如 6.2.2 小节中所述,这种情况在 $\mathcal{M}$ 中是不可能发生的。

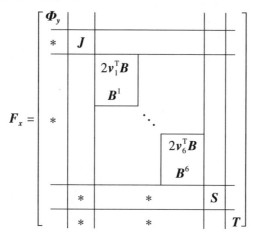

(4) 最后，$\boldsymbol{S}$ 和 $\boldsymbol{T}$ 是 6×6 对角矩阵，它们的元素分别是 $f_{0,i}-v_{i,i}-\underline{f_i}$ 和 $\overline{f_i}-f_{0,i}-v_{i,i}$，由于式(6.11)和式(6.12)的存在，也不会为零。

6.3.3 低维子集光滑性的证明

$\mathcal{M}$ 中通过增加式(6.14)或式(6.13)～式(6.15)定义的子集也都是光滑流形。当添加式(6.14)后，得到方程组的雅可比矩阵形式为

$$\left[\begin{array}{c|c|c|c} \boldsymbol{\Omega}_\lambda & -\boldsymbol{I}_{6\times6} & & \\ \hline & \boldsymbol{\Phi}_1 & \boldsymbol{\Phi}_2 & \\ \hline & * & * & \boldsymbol{P} \end{array}\right] \tag{6.18}$$

式中：$\boldsymbol{\Phi}_1$ 和 $\boldsymbol{\Phi}_2$ 分别为式(6.17)中的 $\boldsymbol{\Phi}_y$ 的前两列和后 3 列；$\boldsymbol{P}$ 为通过去除 $\boldsymbol{F}_x$ 的第一行和第一列形成的子阵。这样，分块矩阵 $-\boldsymbol{I}_{6\times6}$、$\boldsymbol{\Phi}_2$ 和 $\boldsymbol{P}$ 都是满秩的，因此式(6.18)表示的雅可比矩阵是满秩的。类似地，如果加入式(6.13)～式(6.15)，得到的雅可比矩阵为

$$\left[\begin{array}{c|c|c} \boldsymbol{C}_{p,\tau} & & \\ \hline \boldsymbol{\Phi}_1 & \boldsymbol{\Phi}_2 & \\ \hline * & * & \boldsymbol{P} \end{array}\right]$$

这明显是满秩的，因为 6.2.4 小节中假设 $\boldsymbol{C}_{p,\tau}$ 是非奇异的。

6.4 示例分析

接下来将通过几个测试案例评价本方法的性能。首先，对图 6.6 所示的两个绳驱机器人应用本规划方法，这两个机器人的灵感来自于 NIST RoboCrane[17]。在 6.4.1 小节中，使用该方法计算通过固定 4 个位姿参数获得的 $\mathcal{C}$ 的二维切片中“机器人 1”的路径。结果表明，即使在很简单的情形下，力旋量约束下的可行 $\mathcal{C}$ 空间也很复杂，并体现该规划方法相比之前仅在离散点[18-20]保证路径约束的优势。随后，在 6.4.2 小节将本方法应用于“机器人 2”，该机器人是本书作者实验室名为“Hexacrane”的实例原型。该机器人用于演示受到非常规几何约束的运动，以及在整个六维空间中的自由飞行动作。最后，在 6.4.3 小节将该方法应用于 Li 等[21]研究的 Gough－Stewart 平台和 INRIA Left Hand 六足并联机构[22]。

所有给出的结果均在配备 2.66GHz 英特尔酷睿 i7 处理器的 MacBook Pro 上执行，算法用 C 语言实现，代码可参见文献[23]。

由于它在并联机构中的优势，该实验采用 SO(3) 的倾斜和扭转角度参数

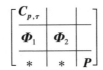

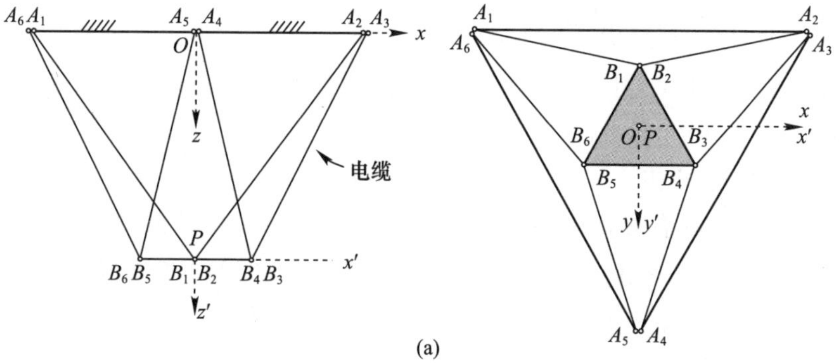

(a)

机器人	基座	平台
1	A_1=(−200,−115.47,0)	B_1=(0,−115.47,0)
	A_2=(200,−115.47,0)	B_2=(0,−115.47,0)
	A_3=(200,−115.47,0)	B_3=(100,57.74,0)
	A_4=(0,230.94,0)	B_4=(100,57.74,0)
	A_5=(0,230.94,0)	B_5=(−100,57.74,0)
	A_6=(−200,−115.47,0)	B_6=(−100,57.74,0)
2	A_1=(−231.62,−136.18,0)	B_1=(0,−89.15,0)
	A_2=(231.62,−136.18,0)	B_2=(0,−89.15,0)
	A_3=(233.74,−132.50,0)	B_3=(77.21,44.57,0)
	A_4=(2.13,268.67,0)	B_4=(77.21,44.57,0)
	A_5=(−2.13,268.67,0)	B_5=(−77.21,44.57,0)
	A_6=(−233.74,−132.50,0)	B_6=(−77.21,44.57,0)

(b)

图 6.6 两个绳驱机器人的几何形状

(a)它们的一个参考构型所得八面体结构的主视图和俯视图；(b)A_i和 B_i的坐标

（单位为 mm，分别在$\mathcal{F}_1 = Oxyz$ 和 $\mathcal{F}_2 = Px'y'z'$两个坐标系中表示）。

化，为此

$$\boldsymbol{R} = \boldsymbol{R}_z(\phi)\boldsymbol{R}_y(\theta)\boldsymbol{R}_z(\sigma - \phi)$$

式中：ϕ、θ、σ 分别为方位角、倾斜角和扭转角[4]。因此，在这一部分中 $\tau = (\phi, \theta, \sigma)$，且该算法考虑了角坐标在 2π 倍数上的差异是指同一角度的问题。还要注意的是，尽管一些测试机器人遵循八面体结构，但是该规划方法仍然适用于定位点不成对重合的一般六足并联机构。6.4.4 小节总结了所有测试案例的计算时间。

6.4.1 示例切片上的规划

在本例中,机器人1需要在坐标系$\mathcal{F}_2$中位置矢量为$\boldsymbol{P}_m=(30,14,-21)$ mm的点P_m上承受1N的载荷。而如果在平行于$\mathcal{F}_1$的坐标系$\mathcal{F}_3$中表示,并将P_m转换,该载荷的重量相当于一个恒定的旋量$\widehat{\boldsymbol{w}}_0=(0,0,1,0,0,0)$(国际制单位)。这个旋量的有界扰动用以$\widehat{\boldsymbol{w}}_0$为中心的坐标系$\mathcal{F}_3$中的椭球$\mathcal{K}$表示,其中$\boldsymbol{E}=10^4\boldsymbol{I}_{6\times6}$(国际制单位)。$\widehat{\boldsymbol{w}}_0$和$\boldsymbol{E}$都可以根据式(6.21)和式(6.22)表示在坐标系$\mathcal{F}_1$中。限制所有缆绳的张力和长度在范围$f_i\in(0.05,0.5)$ N和$d_i\in(100,500)$ mm中。

图6.7所示为该机器人在力旋量约束下的可行C空间切片,是在Matlab中使用密集离散化计算获得的。左图所示为P和σ保持不变时的切片,右图所示为在全方向τ和P的其中一个坐标保持不变时的情况。与$\mathcal{C}$对应的构型用绿色表示,而超过缆绳长度或张力范围而不能达到的构型分别用橙色和蓝色区域表示。

顶行切片中的对称性的出现是因为(ϕ,θ,σ)和$(\phi+\pi,-\theta,\sigma)$代表在所选参数下的相同方向。为了避免SO(3)双重覆盖,只需将图谱的扩展范围限制在$\theta\in[0,\pi]$。

图6.7中奇异曲线用红色表示,其中$\det(\boldsymbol{J}(\boldsymbol{q}))=0$,该曲线是用第3章的方法在缆绳张力没有约束的情况下计算得出的。可以看到,$\mathcal{C}$会自然避免穿过这些曲线,而且因为$\mathcal{C}$通常是非凸的,且具有非常接近的连通分量,两个构型间的通道并不狭窄。特别地,图6.7的左下图示举例说明了在离散点可行旋量评判条件下,根据文献[18-20]提出的方法,在规划用于连接$\mathcal{C}$中的两个被奇异曲线分离构型的路径时出现错误。

下面应用本节提出的方法来解决图6.7左中切片内的路径规划问题,从而探索维度$n=2$的流形。由于平台只能旋转,定义式(5.13)和式(5.14)为

$$H_{st}(\boldsymbol{x}_i)=c(\boldsymbol{x}_i,\boldsymbol{x}_g)$$

和

$$\mathcal{C}_{st}(\boldsymbol{x}_j,\boldsymbol{x}_k)=\|\log(\boldsymbol{R}(\tau_j)^{\mathrm{T}}\boldsymbol{R}(\tau_k))\|$$

从而利用A*最佳优先策略执行规划计算。对于由$\boldsymbol{R}(\tau_j)$和$\boldsymbol{R}(\tau_k)$给出的两个方向,$\mathcal{C}_{st}(\boldsymbol{x}_j,\boldsymbol{x}_k)$给出了$\boldsymbol{R}(\tau_j)^{\mathrm{T}}\boldsymbol{R}(\tau_k)$的角度表示,是SO(3)的标准度量[24]。初始和目标构型$\boldsymbol{q}_s$和$\boldsymbol{q}_g$由τ值和固定在$\boldsymbol{p}=(0,0,350)$ mm的点P的位置给出。

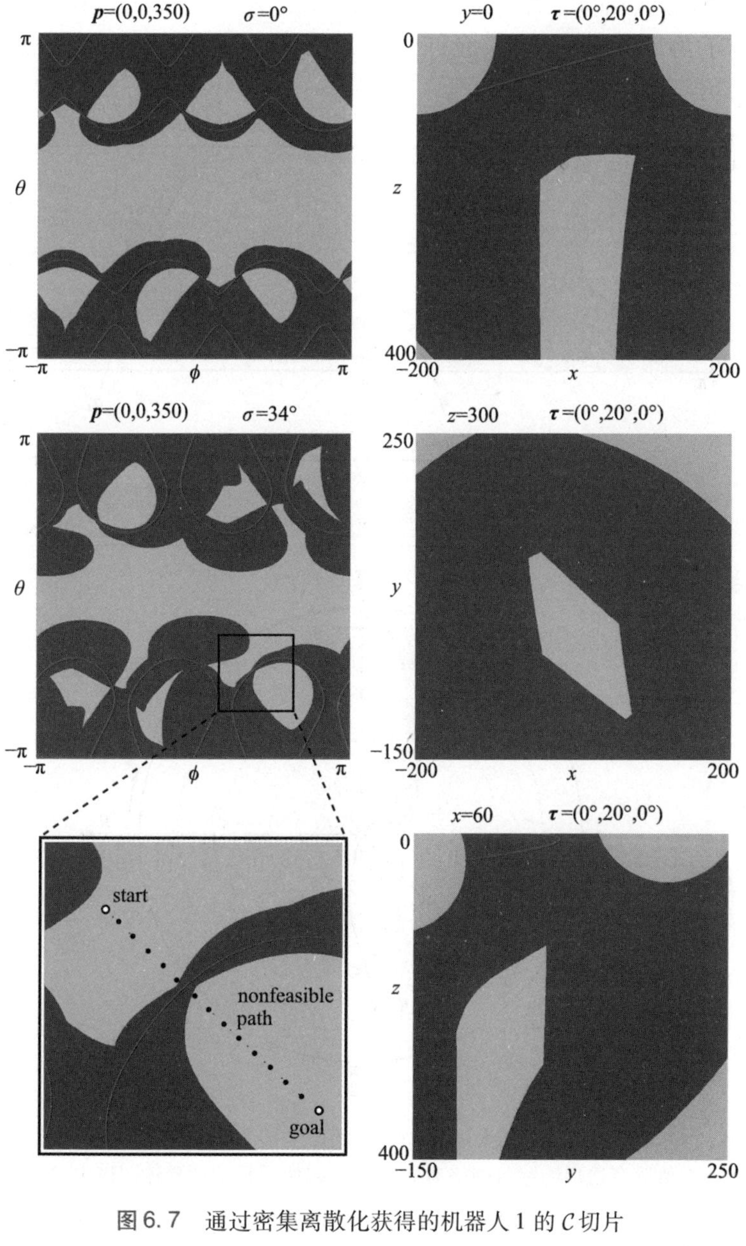

图6.7 通过密集离散化获得的机器人1的$\mathcal{C}$切片

$$\tau_s=(-2.3,1.6,0.59)\,\text{rad},\tau_g=(1.7,1.7,0.59)\,\text{rad}$$

图6.8中红色路径即为规划得到的平滑后路径。绿色网格代表对应来自$\boldsymbol{q}_s$的$\mathcal{C}$可达到的连通分量的完整图谱,阴影部分表示使用A*策略得到红色路径过

程中实际搜索到的部分。绿色和蓝色阴影分别表示封闭图和开放图，可以看到，算法考虑了角度变量的拓扑，允许规划方法从 $\phi=-\pi$ 到 $\phi=\pi$ 变换；反之亦然。

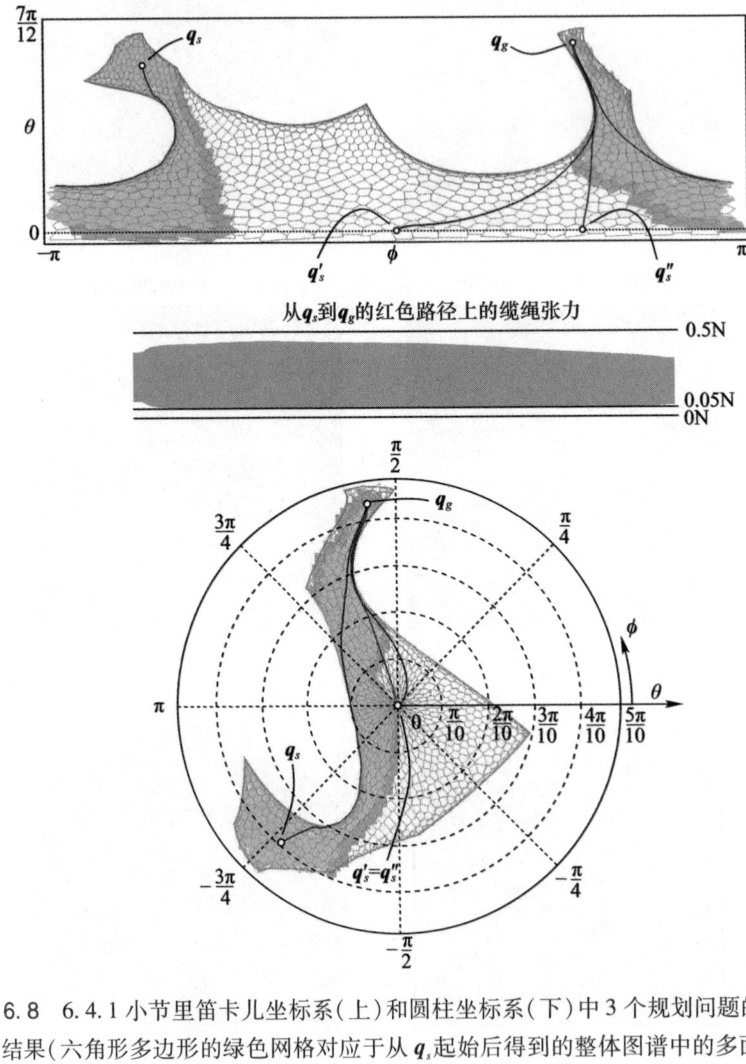

图 6.8　6.4.1 小节里笛卡儿坐标系（上）和圆柱坐标系（下）中 3 个规划问题的求解结果（六角形多边形的绿色网格对应于从 q_s 起始后得到的整体图谱中的多面体 $\mathcal{P}_i$。当尝试在 A* 策略下连接 q_s 到 q_g 时只用到了部分图谱，用绿色阴影（封闭图）和蓝色阴影（开放图）表示。构型 q_s' 和 q_s'' 在本质上是同一个构型，因为它们都在 $\theta=0$ 的线上。图中间部位展示了从 q_s 到 q_g 红色路径上的缆绳张力包络线。张力保持在（0.05，0.5）N 范围内，符合要求）

基于插值的朴素方法会破坏 $\mathcal{C}$ 的约束，导致不可控制的运动或无法承受的缆绳张力。相比之下，该方法规划的路径正确地避免了这些情况，且保证了在所有位置对平台的控制，同时将缆绳的长度和张力保持在它们的限制范围内。图6.8中的片段也表明缆绳力包络线沿着运动方向是允许的。此外，由于依赖连续性，合成路径不会误导性地连接 $\mathcal{C}$ 中两个不相交部分，这是基于离散化的策略所无法保证的。

图6.8中，笛卡儿坐标系中 $\theta=0$ 的线为典型奇异点，因为线上所有的点都对应同一方向[4]。为了说明本方法对这类问题的可行性，给出始于线 $\theta=0$ 上的两个不同点，即 $\boldsymbol{q}_s'$ 和 $\boldsymbol{q}_s''$，且都结束于 $\boldsymbol{q}_g$ 的运动规划结果。结果路径（用蓝色和紫色表示）是不同的，这是因为算法的本质没有考虑在两个构型和 $\theta=0$ 之间的移动是无成本的这一事实。然而，尽管存在奇异点，$\mathcal{M}$ 是平滑的，并且规划方法在两种情形下计算可行运动都是没有问题的。另一个表达这些结果的方法是使用由文献[4]提出的圆柱坐标系，其中线 $\theta=0$ 代表中心点，如图6.8底部所示的曲线图。在该投影中，(ϕ,θ) 对和它们相对应的方向之间有一个双射，并且可以发现蓝色和紫色路径是相似的，仅在 $\theta=0$ 附近不同。

6.4.2　柔性绳驱六足并联机构上的规划

为了模拟平台受几何约束的情况，接下来将提出的规划方法应用在图6.9中在球体表面上执行插入任务的机器人上。出于操作目的，平台需要以零扭矩在球体上相切地移动。使用式(6.14)，这些条件可以写成

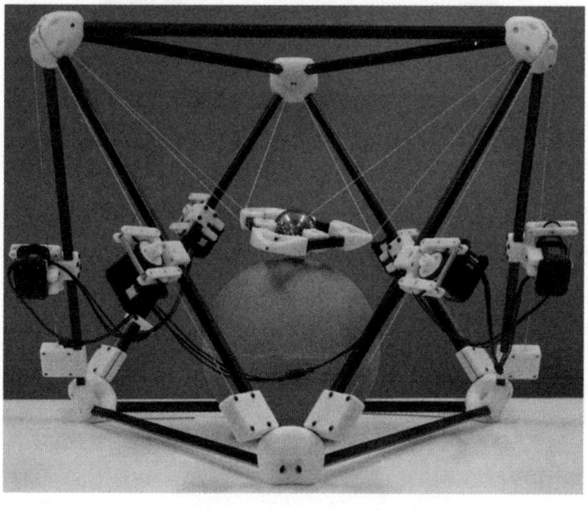

图6.9　一种柔性绳驱六足并联机构（由 Instiut de Robotica i Informatica Industrial (IRI)公司制造）

$$\begin{cases} \boldsymbol{p} = \boldsymbol{r}_c + r_s \begin{bmatrix} \cos\alpha_2 \cos\alpha_1 \\ \cos\alpha_2 \sin\alpha_1 \\ -\sin\alpha_2 \end{bmatrix} \\ \phi = \alpha_1 - \pi \\ \theta = \dfrac{\pi}{2} - \alpha_2 \\ \sigma = 0 \end{cases} \tag{6.19}$$

式中:$\boldsymbol{r}_c = (x_s, y_s, z_s)$和$r_s$分别为球心和半径;$\alpha_1$和$\alpha_2$为两个角度参数。因此,在这种情况下 $\boldsymbol{\lambda} = (\alpha_1, \alpha_2)$,并且在增加式(6.13)~式(6.19)后,导航流形 $\mathcal{M}$ 的维数 $n = 2$。

点 A_i和 B_i对应于图 6.6 中的机器人 2 的点,并且球体半径为 100mm,中心位于坐标系$\mathcal{F}_1$中的$\boldsymbol{r}_c = (0,0,306)$ mm 处。然而,由于在平台和球体之间需要保持一段距离,在式(6.19)中设定$r_s = 130$mm。平台的重量为 0.6kg,质心位于点 P,并且使用与之前相同的矩阵 $\boldsymbol{E} = 10^4 \boldsymbol{I}_{6\times6}$。缆绳张力限制在 $f_i \in (0.1, 6.58)$ N,且可行长度必须满足$d_i \in (200, 600)$ mm,其中 $i = 1, \cdots, 6$。

使用和图 6.8 相同的绘图惯例,将投影到球体上得到的 C 空间显示在图 6.10中。初始构型和完成插入任务的构型分别记为 $\boldsymbol{q}_1$、$\boldsymbol{q}_2$和 $\boldsymbol{q}_3$,分别对应 λ 的值为$\left(0.55, \dfrac{\pi}{2}\right)$和(0.55,0.75)及(2.63,0.75)。

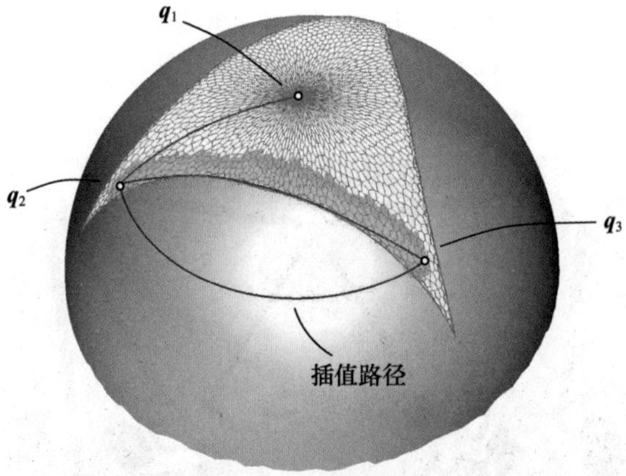

图 6.10　在 6.4.2 小节的第一个实验中,从 $\boldsymbol{q}_1$到 $\boldsymbol{q}_2$然后到 $\boldsymbol{q}_3$的路径规划结果(该图显示了从 $\boldsymbol{q}_1$开始旋量约束可行的整体图谱(绿色部分)、$\boldsymbol{q}_1 \to \boldsymbol{q}_2 \to \boldsymbol{q}_3$的规划路径(红色部分),以及在($\alpha_1$, α_2)平面插值得到的 $\boldsymbol{q}_2 \to \boldsymbol{q}_3$的路径(蓝色部分)。该图还显示了从 $\boldsymbol{q}_2$到 $\boldsymbol{q}_3$路径规划时实际搜索过的旋量约束可行 C 空间(绿色阴影,开放图表用蓝色表示))

规划从 $\boldsymbol{q}_1$到 $\boldsymbol{q}_2$,然后到 $\boldsymbol{q}_3$的合成运动,即可得到了图 6.10 中的红色路径,这是在 A* 搜索策略下使用

$$C_{\mathrm{ST}}(\boldsymbol{x}_i,\boldsymbol{x}_j)=r_s\arctan\left(\frac{\|\boldsymbol{n}_i\times\boldsymbol{n}_j\|}{\boldsymbol{n}_i\cdot\boldsymbol{n}_j}\right)$$

和

$$H_{\mathrm{ST}}(\boldsymbol{x}_i)=c(\boldsymbol{x}_i,\boldsymbol{x}_g)\tag{6.20}$$

计算得到的，其中$\boldsymbol{n}_i=\boldsymbol{p}_i-\boldsymbol{r}_c$。在球体上给定两点$\boldsymbol{p}_i$和$\boldsymbol{p}_j$，这些函数提供了它们之间的最大圆距离，所以算法最小化了 P 在球体表面运动的行进距离。需要注意的是，在(α_1,α_2)平面基于插值的规划方法将导致不同的运动。事实上，从 $\boldsymbol{q}_1$ 到 $\boldsymbol{q}_2$的路径是一致的，但是从 $\boldsymbol{q}_2$ 到 $\boldsymbol{q}_3$ 的路径会在图中产生蓝色路径，在起始位置迅速偏离了 $\mathcal{C}$。

本书配套网页中的视频展示了文献[25]中 $\boldsymbol{q}_1\to\boldsymbol{q}_2\to\boldsymbol{q}_3$ 运动的插值和规划方法的执行结果。正如预期的那样，可以看到平台从 $\boldsymbol{q}_1$ 光滑地运动到了 $\boldsymbol{q}_2$，但是从 $\boldsymbol{q}_1$ 到 $\boldsymbol{q}_3$插值运动过程中，缆绳变得松弛，平台失去了控制。沿着这条路径的其他不良影响还包括小扰动下的平台振动、与环境的碰撞和缆绳在电动机上的缠绕。相比之下，本规划方法得到的 $\boldsymbol{q}_2\to\boldsymbol{q}_3$路径对平台的控制性能保持不变。图 6.11 给出了几张视频快照。

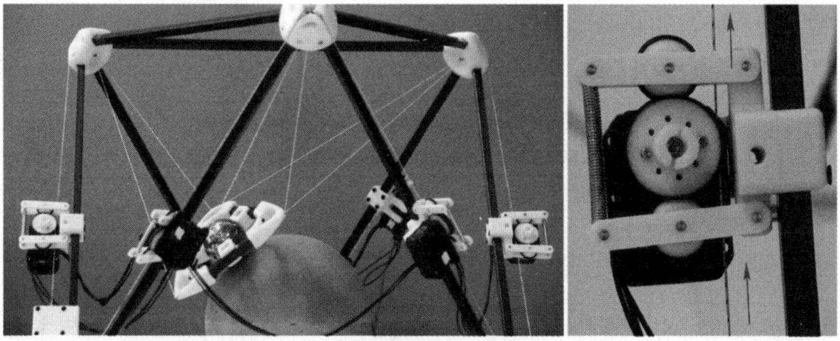

绳索张紧的构型$\boldsymbol{q}_2$

(a)

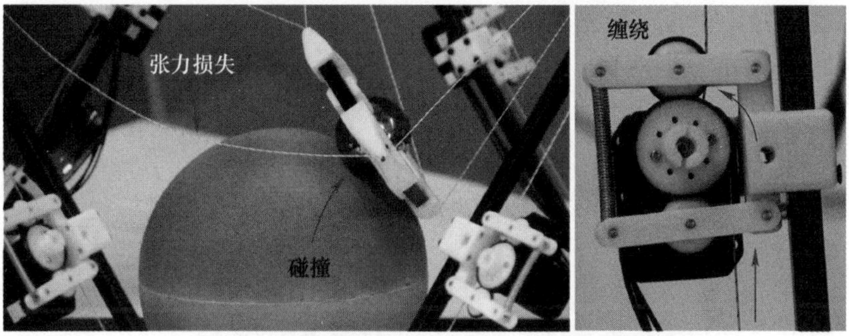

沿$\boldsymbol{q}_2\to\boldsymbol{q}_3$插值路径的运动导致运动失控和缆绳缠绕

(b)

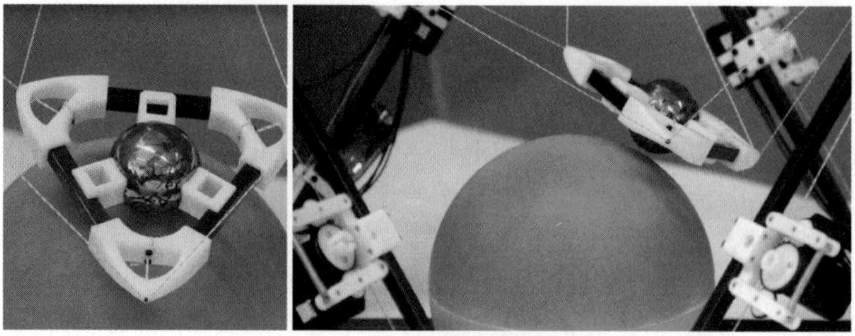

沿$q_2 \to q_3$本方法规划路径的运动

(c)

图 6.11 文献[25]中所提供视频的几个瞬间

(a)构型$\boldsymbol{q}_2$下机器人处在所有缆绳受张力的状态(在右图中可以看到缆绳正确地穿过了滑轮的执行器);(b)当尝试沿从$\boldsymbol{q}_2$到$\boldsymbol{q}_3$的插值路径运动时一些缆绳失去张力并出现碰撞,此外还发生了不希望在执行机构上出现的缆绳缠绕现象;(c)相反,如果沿着按照本节提出方法规划的由$\boldsymbol{q}_2$到$\boldsymbol{q}_3$的路径运动,机器人会在保持完全可控下进行平滑运动。

该方法也可以应用于高维问题。例如,如果要使用轴对称刀具执行钻孔操作,可以通过移除式(6.19)中的$\sigma=0$来忽略平台位姿上的零扭矩约束。结果是一个三维规划问题,尽管增加了搜索空间的大小而导致计算时间增加,也可以用本方法实现高效求解。六维问题也可以通过增加考虑式(6.13)来解决。例如,假设球体不再存在,可以使用贪婪最佳优先策略很快完成从$\boldsymbol{q}_2$到$\boldsymbol{q}_3$的自由飞行运动规划。具体参见6.4.4小节。

6.4.3 刚性连杆六足并联机构上的规划

为了体现本方法对刚性六足并联机构的适应性,采用3.5.2小节中假设的几何参数,这些参数对应于文献[21]中研究的 Gough - Stewart 平台。在该机器人中,支链的长度可以在很宽的间隔内变化,使工作空间相对较大,且具有奇异点曲面,如图3.13所示。

该机构存在两个规划问题。使用国际单位制,有

$$(\underline{f_i},\overline{f_i})=(-300,300)$$

$$\widehat{\boldsymbol{\omega}}_0=(0,0,1,0,0,0)$$

$$\boldsymbol{E}=\boldsymbol{I}_{6\times 6}$$

式中:$\widehat{\boldsymbol{\omega}}_0$和$\boldsymbol{E}$在以平台重心为中心,与$\mathcal{F}_1$平行的坐标系$\mathcal{F}_3$中。

在第一个问题中,计算平台以与3.5.2小节假设的相同的恒定方向移动的

旋量约束可行路径,其中倾斜 - 扭转角为

$$\tau = (1.449, 0.525, 1.509)\,\mathrm{rad}$$

并且 z 值恒定。使用 A* 策略在 578s 内计算出了在 (x,y) 平面内以由

$$\boldsymbol{P}_s = (0, 4, 0, 0.1)$$

$$\boldsymbol{P}_g = (-0.3, 0, 0.1)$$

确定位置的 P 作为起始构型和目标构型的路径。图 6.12(左上)显示了该路径以及要避免的奇异点曲线,对应于从 $\boldsymbol{P}_s$ 出发的可行旋量约束连通分量图谱(用网格表示),以及使用 A* 算法搜索到的区域(灰色阴影)。可以看出,$\boldsymbol{P}_s$ 和 $\boldsymbol{P}_g$ 间的插值路径会穿过奇异点,但规划的路径在保持指定范围支链力的同时避开了奇异位形(图 6.12 下)。

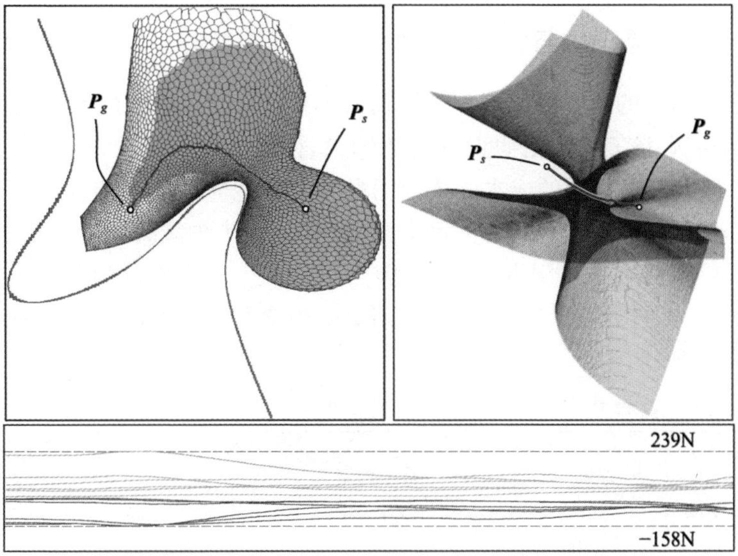

图 6.12　(上)针对文献[21]中的机构规划的两条路径。(下)沿左侧的路径运动,每条支链的最大支链力和最小支链力(绿色和蓝色)保持在规定的(-300,300)N 的范围内

在第二个问题中,也是解决相同的问题,但只是保持了平台的方向不变,获得了图 6.12(右上)所示的 (x,y,z) 空间中的路径,计算时间为 90min。从图中可以看出,所计算的路径完全避开了蓝色的奇异点表面。需要注意的是,该表面仅出于说明目的示出,而本规划方法不需要明确将其计算出来而连接初始和目标构型。

前面两个问题很难,因为在文献[21]中的六足并联机构与普通的刚性连杆六足并联机构相比工作空间更大。因此,这里增加了一个针对更常见情况的测

试,即使用文献[22]中的 INRIA Left Hand 参数,其支链允许力范围为

$$(\underline{f_i},\overline{f_i}) = (-300,300)$$

并且针对实验设定

$$\widehat{\boldsymbol{\omega}}_0 = (0,0,150,0,0,0)$$

$$\boldsymbol{E} = \boldsymbol{I}_{6\times 6}$$

其中,参数全部用国际单位制表示,并且$\widehat{\boldsymbol{\omega}}_0$和 $\boldsymbol{E}$ 都相对于可以随平台移动的坐标系表示。在机器人中,旋量约束的可行 C 空间对由文献[22]中允许支链长度定义的工作空间是封闭的,并且即使允许所有姿态参数变化,算法也可以在几秒钟内解出路径规划问题。

6.4.4 算法复杂度与计算时间

本章中给出的所有测试用例的问题大小和计算时间总结在表 6.1 中。对于每个测试用例,该表给出了假设的姿态约束、搜索流形的维数(n)、问题的变量数目(m)以及针对相同的成本函数使用贪婪最佳优先(GBF)和 A* 策略所花费的时间(s)。显而易见,在计算时间方面,贪婪最佳优先策略在高维问题中是有利的,而 A* 策略在低维问题中更优,因为它能产生成本更低的路径。此外,必须指出的是,一旦计算出部分图谱,该图集中构型之间的所有规划问题都可以在几毫秒内完成。

表 6.1　所有测试用例的问题大小和计算时间

机器人	路径	位姿约束	n/m	T/s	
				GBF	A*
1	$\boldsymbol{q}_s \to \boldsymbol{q}_g$	固定 x,y,z,σ	2/150	29	62
	$\boldsymbol{q}_s' \to \boldsymbol{q}_g$	固定 x,y,z,σ	2/150	6	12
	$\boldsymbol{q}_s'' \to \boldsymbol{q}_g$	固定 x,y,z,σ	2/150	5	9
2	$\boldsymbol{q}_1 \to \boldsymbol{q}_2$	式(6.19)	2/156	12	2
	$\boldsymbol{q}_2 \to \boldsymbol{q}_3$	式(6.19)	2/156	30	14
	$\boldsymbol{q}_2 \to \boldsymbol{q}_3$	式(6.19), σ 自由	3/157	56	166
	$\boldsymbol{q}_2 \to \boldsymbol{q}_3$	自由的	6/154	40	>6000
Li 等[21]	$\boldsymbol{p}_s \to \boldsymbol{p}_g$	固定 ϕ,θ,σ,z	2/150	70	578
	$\boldsymbol{p}_s \to \boldsymbol{p}_g$	固定 ϕ,θ,σ	3/151	90	5400
INRIA Hand[22]	多条路径	自由的	6/154	<50	<100

6.5 力旋量椭球的详细说明

接下来将进一步详细介绍如何获得 6.1 节最后描述的中心$\widehat{\boldsymbol{\omega}}_0$和形状矩阵$\boldsymbol{E}$。为此，需区分两种情况，这取决于平台是在自由空间中移动，还是受到接触约束。其他情况可以用类似的方法处理。

针对第一种情况（图 6.13（a）），合成扭矩$\widehat{\boldsymbol{\omega}}$是负载重量$\widehat{\boldsymbol{\omega}}_w$和惯性力或外部因素（如风）引起的小扰动之和。$\widehat{\boldsymbol{\omega}}_0$和$\boldsymbol{E}$在平行于$\mathcal{F}_1$的坐标系$\mathcal{F}_3$中更容易描

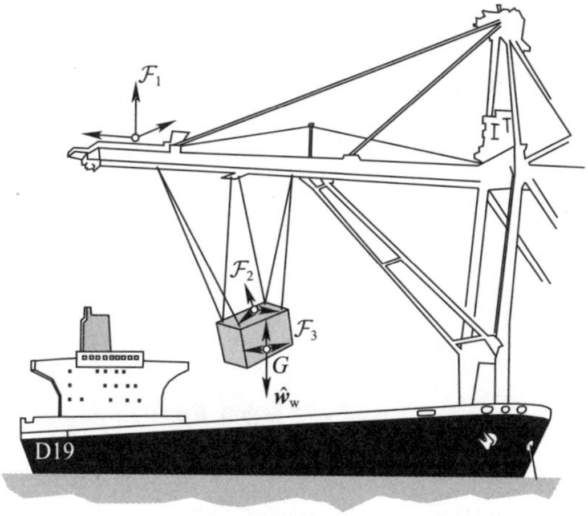

(a)

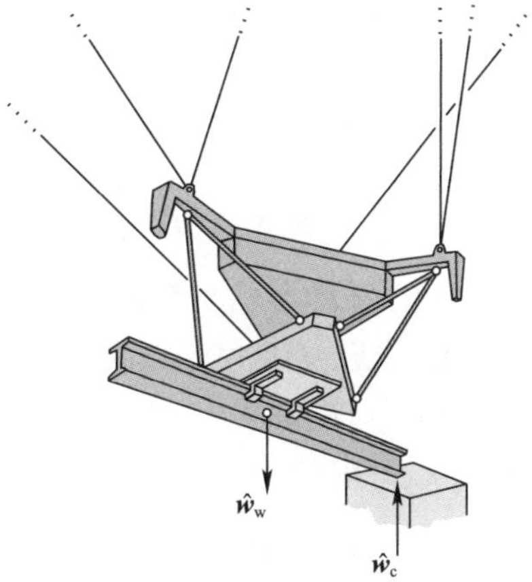

(b)

图 6.13 在实际场景中获得的力旋量椭圆

（a）货物装卸[17]；（b）使用图 6.2 所示的 NIST 夹持器进行的梁安装[26]。

述,在这种情况下,位于载荷的质心 G。在该坐标系中,$\boldsymbol{E}$ 为一个常数矩阵,且

$$\widehat{\boldsymbol{\omega}}_0=\widehat{\boldsymbol{\omega}}_{\mathrm{w}}=(0,0,-\omega,0,0,0)$$

式中:ω 为负载重量。然而,因为在6.1节和式(6.4)中的 $\boldsymbol{J}$ 均在 $\mathcal{F}_1$ 中给出,为了一致性,$\widehat{\boldsymbol{\omega}}_0$ 和 $\boldsymbol{E}$ 都需要转换到坐标系 $\mathcal{F}_1$ 中。要转换 $\widehat{\boldsymbol{\omega}}_0$,可以使用

$$\widehat{\boldsymbol{\omega}}^i=\boldsymbol{e}_{ij}\cdot\widehat{\boldsymbol{\omega}}^j \tag{6.21}$$

其中,$\widehat{\boldsymbol{\omega}}^i$ 和 $\widehat{\boldsymbol{\omega}}^j$ 表示同一旋量分别在坐标系 $\mathcal{F}_i$ 和 $\mathcal{F}_j$ 中的坐标,另外,

$$\boldsymbol{e}_{ij}=\left[\begin{array}{c|c}\boldsymbol{R}_{ij} & \boldsymbol{0}_{3\times3}\\ \hline \boldsymbol{X}_{ij}\boldsymbol{R}_{ij} & \boldsymbol{R}_{ij}\end{array}\right]$$

是参考矩阵的变化[6]。$\boldsymbol{R}_{ij}$ 是提供了 $\mathcal{F}_j$ 相对于 $\mathcal{F}_i$ 方向的旋转矩阵,此外,

$$\boldsymbol{X}_{ij}=\begin{bmatrix}0 & -z & y\\ z & 0 & -x\\ -y & x & 0\end{bmatrix}$$

式中:x、y 和 z 为 $\mathcal{F}_j$ 相对于 $\mathcal{F}_i$ 原点的坐标。例如,如果 $\boldsymbol{g}$ 是 $\mathcal{F}_2$ 中 G 的位置矢量,则有

$$[x,y,z]^{\mathrm{T}}=\boldsymbol{p}+\boldsymbol{R}\boldsymbol{g}$$

式中:$\boldsymbol{p}$ 和 $\boldsymbol{R}$ 的定义如6.1节所述。同样,为了转换 $\boldsymbol{E}$,可很容易看出,如果 $\boldsymbol{E}^i$ 和 $\boldsymbol{E}^j$ 分别代表坐标系 $\mathcal{F}_i$ 和 $\mathcal{F}_j$ 中椭球的形状矩阵,那么

$$\boldsymbol{E}^i=\boldsymbol{e}_{ji}^{\mathrm{T}}\cdot\boldsymbol{E}^i\cdot\boldsymbol{e}_{ji} \tag{6.22}$$

其中

$$\boldsymbol{e}_{ij}=\left[\begin{array}{c|c}\boldsymbol{R}_{ij}^{\mathrm{T}} & \boldsymbol{0}_{3\times3}\\ \hline \boldsymbol{R}_{ij}^{\mathrm{T}}\boldsymbol{X}_{ij}^{\mathrm{T}} & \boldsymbol{R}_{ij}^{\mathrm{T}}\end{array}\right]$$

在接触情况下(图6.13(b)),产生的旋量 $\widehat{\boldsymbol{\omega}}$ 是重量 $\widehat{\boldsymbol{\omega}}_{\mathrm{w}}$、接触旋量 $\widehat{\boldsymbol{\omega}}_{\mathrm{c}}$ 和这两种旋量的有界扰动之和。因此,认为 $\widehat{\boldsymbol{\omega}}$ 是位于以 $\widehat{\boldsymbol{\omega}}_{\mathrm{w}}$ 和 $\widehat{\boldsymbol{\omega}}_{\mathrm{c}}$ 为中心的六维椭球 $\mathcal{K}_{\mathrm{w}}$ 和 $\mathcal{K}_{\mathrm{c}}$ 内的两个矢量之和,形状矩阵为 $\boldsymbol{E}_{\mathrm{w}}$ 和 $\boldsymbol{E}_{\mathrm{c}}$。因此,$\widehat{\boldsymbol{\omega}}$ 将位于 $\mathcal{K}_{\mathrm{w}}$ 和 $\mathcal{K}_{\mathrm{c}}$ 的 Minkowski 和之内,根据文献[27],$\mathcal{K}_{\mathrm{w}}$ 和 $\mathcal{K}_{\mathrm{c}}$ 可用以

$$\widehat{\boldsymbol{\omega}}_0=\widehat{\boldsymbol{\omega}}_{\mathrm{w}}+\widehat{\boldsymbol{\omega}}_{\mathrm{c}}$$

为中心、形状矩阵为

$$\boldsymbol{E}=\frac{1}{2}\boldsymbol{E}_{\mathrm{w}}(\boldsymbol{E}_{\mathrm{w}}+\boldsymbol{E}_{\mathrm{c}})^{-1}\boldsymbol{E}_{\mathrm{c}}$$

的椭球所包围。假设$\widehat{\boldsymbol{\omega}}_{\mathrm{w}}$、$\boldsymbol{E}_{\mathrm{w}}$、$\widehat{\boldsymbol{\omega}}_{\mathrm{c}}$和$\boldsymbol{E}_{\mathrm{c}}$都在坐标系$\mathcal{F}_1$中表示，与6.1节中$\widehat{\boldsymbol{\omega}}_0$和$\boldsymbol{E}$所需的表示方法相一致。

6.6 扩展应用

在本章中已经展示了如何考虑避奇异路径规划问题中的附加约束。为了详述实例，介绍了如何在一般的Gough-Stewart平台和绳驱六足并联机构中处理力旋量可行约束，但该方法还可以在更多方面得到拓展。

例如，因其只依赖于与致动器和末端执行器受力相关的雅可比矩阵的可用性，该方法可以推广到其他机器人结构。使用3.5.2小节中介绍的倒数乘积法，Zlatanov展示了如何获得并联机构的简化速度方程[28]，从该方程可以很容易地推导出雅可比矩阵，从而更复杂的机构也可以用文献[29]中给出的扩展方法处理。特别地，具有图6.14中普通支链的机构或与之类似的结构在原则上也可以解决，包括六翼滑行[30]、六翼机构[31-32]或其他新型平台，如米卡尔旋转六翼机构[33]。

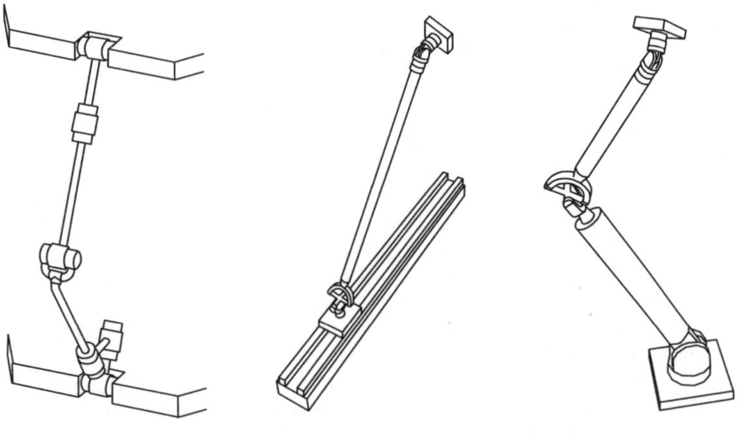

图6.14 并联机器人中使用的串联运动链示例(从左到右为一条6R的支链，一个用于六边形平台的PUS支链，以及用于HEXE设计的RUS链或MicARH旋转六足[34-35])

考虑其他类型的约束也很有意义。例如，可以约束末端执行器的定位误差始终保持在给定的阈值以下，这将导致与刚刚给出的理论相反的理论。为了施加这样的约束，可以使用式(3.36)，即

$$\boldsymbol{J}^{\mathrm{T}}\widehat{\boldsymbol{T}}=\boldsymbol{m}_v$$

它提供了末端执行器的扭矩$\widehat{\boldsymbol{T}}$和执行器的速度之间的关系$\boldsymbol{m}_v=\dot{\boldsymbol{v}}$。注意,如果姿态由

$$\boldsymbol{u}=\begin{bmatrix}\boldsymbol{p}\\ \boldsymbol{\tau}\end{bmatrix}$$

表示,那么$\widehat{\boldsymbol{T}}=\boldsymbol{A}\dot{\boldsymbol{u}}$,其中$\boldsymbol{A}$是取决于所选参数$\boldsymbol{\tau}$[22,35]的矩阵。因此,通过定义$\boldsymbol{J}_d=\boldsymbol{J}^{\mathrm{T}}\boldsymbol{A}$,可以得到关系式,即

$$\boldsymbol{J}_d\dot{\boldsymbol{u}}=\dot{\boldsymbol{v}}$$

或者它的微分形式,即

$$\boldsymbol{J}_d\delta\boldsymbol{u}=\delta\boldsymbol{v}$$

将关节中的小位移误差$\delta\boldsymbol{v}$与姿态坐标中的相应误差$\delta\boldsymbol{u}$相关联。类似于在6.2节中所做的,通过给定$\delta\boldsymbol{v}$的不确定性椭球,可以获得$\delta\boldsymbol{u}$的不确定性椭球,并迫使它保持在矩形域内。可以预期最终的C空间也将是平滑的,此后可应用延拓方法来计算其中的路径。

参考文献

1. P.A. Voglewede, I. Ebert-Uphoff, Overarching framework for measuring closeness to singularities of parallel manipulators. IEEE Trans. Robot. **21**(6), 1037–1045 (2005)
2. P. Bosscher, A.T. Riechel, I. Ebert-Uphoff, Wrench-feasible workspace generation for cable-driven robots. IEEE Trans. Robot. **22**(5), 890–902 (2006)
3. J. Hubert, *Manipulateurs Parallèles, Singularités et Analyse Statique*. PhD thesis, École Nationale Supérieure des Mines de Paris, 2010
4. I.A. Bonev, D. Zlatanov, C.M. Gosselin, Advantages of the modified Euler angles in the design and control of PKMs, in *Proceedings of the 3rd Chemnitz Parallel Kinematics Seminar/2002 Parallel Kinematic Machines International Conference (Chemnitz, Germany)* (2002), pp. 171–188
5. P. Corke, *Robotics, Vision and Control: Fundamental Algorithms in MATLAB*, vol. 73 of Springer Tracts in Advanced Robotics (Springer, 2011)
6. J.K. Davidson, K.H. Hunt, *Robots and Screw Theory: Applications of Kinematics and Statics to Robotics* (Oxford University Press, 2004)
7. K.J. Waldron, K.H. Hunt, Series-parallel dualities in actively coordinated mechanisms. Int. J. Robot. Res. **10**(5), 473–480 (1991)
8. Okuma Corporation, http://www.okuma.com/. Accessed 16 Jun 2016
9. National Institute of Standards and Technology, http://www.nist.gov. Accessed 16 Jun 2016
10. Symétrie, the Hexapod Company, http://www.symetrie.fr/en/. Accessed 16 Jun 2016
11. G.P. Assima, A. Motamed-Dashliborun, F. Larachi, Emulation of gas-liquid flow in packed

beds for offshore floating applications using a swell simulation hexapod. AIChE J. **61**(7), 2354–2367 (2015)
12. Ingersoll Machine Tools, http://www.camozzimachinetools.com/. Accessed 16 Jun 2016
13. Toyoda Machinery USA, http://www.toyodausa.com/. Accessed 16 Jun 2016
14. Mikrolar, Inc., http://www.mikrolar.com/. Accessed 16 Jun 2016
15. M.E. Henderson, Multiparameter parallel search branch switching. Int. J. Bifurcat. Chaos Appl. Sci. Eng. **15**(3), 967–974 (2005)
16. S.G. Krantz, H.R. Parks, *The Implicit Function Theorem: History* ,Theory and Applications (Birkhäuser, 2002)
17. J. Albus, R.V. Bostelman, N. Dagalakis, The NIST Robocrane. J. Robotic Syst. **10**(5), 709–724 (1993)
18. S. Fang, D. Franitza, R. Verhoeven, M. Hiller, Optimum motion planning for tendon-based stewart platforms, ed. by H. Tian. *Proceedings of the 11th IFToMM World Congress in Mechanism and Machine Science (Tianjin, China)* (China Machinery Press, 2003)
19. M. Hiller, S. Fang, S. Mielczarek, R. Verhoeven, D. Franitza, Design, analysis and realization of tendon-based parallel manipulators. Mech. Mach. Theory **40**(4), 429–445 (2005)
20. S. Lahouar, E. Ottaviano, S. Zeghoul, L. Romdhane, M. Ceccarelli, Collision free path-planning for cable-driven parallel robots. Robot. Auton. Syst. **57**(11), 1083–1093 (2009)
21. H. Li, C.M. Gosselin, M.J. Richard, B.M. St-Onge, Analytic form of the six-dimensional singularity locus of the general Gough-Stewart platform. ASME J. Mech. Des. **128**(1), 279–287 (2006)
22. J.-P. Merlet, *Parallel Robots* (Springer, 2006)
23. The CUIK Project Home Page, http://www.iri.upc.edu/cuik. Accessed 16 Jun 2016
24. D.Q. Huynh, Metrics for 3D rotations: comparison and analysis. J. Math. Imaging Vis. **35**(2), 155–164 (2009)
25. Companion web page of this book, http://www.iri.upc.edu/srm. Accessed 16 Jun 2016
26. A.M. Lytle, K.S. Saidi, NIST research in autonomous construction. Auton. Robots **22**(3), 211–221 (2007)
27. L. Ros, A. Sabater, F. Thomas, An ellipsoidal calculus based on propagation and fusion. IEEE Trans. Syst. Man, Cybern. Part B: Cybern. **32**(4), 430–442 (2002)
28. D. Zlatanov, *Generalized Singularity Analysis of Mechanisms*. PhD thesis, University of Toronto, 1998
29. M. Zoppi, D. Zlatanov, R. Molfino, On the velocity analysis of interconnected chain mechanisms. Mech. Mach. Theory **41**(11), 1346–1358 (2006)
30. M. Honegger, A. Codourey, E. Burdet, Adaptive control of the hexaglide, a 6 DOF parallel manipulator, in *Proceedings of the IEEE International Conference on Robotics and Automation, ICRA (Albuquerque, USA)*, (1997), pp. 543–548
31. H. Bruyninckx, The 321-HEXA: a fully-parallel manipulator with closed-form position and velocity kinematics, in *Proceedings of the IEEE International Conference on Robotics and Automation, ICRA (Albuquerque, USA)* (1997), pp. 2657–2662
32. F. Pierrot, P. Dauchez, A. Fournier, HEXA: a fast six-DOF fully-parallel robot. in *Fifth International Conference on Robots in Unstructured Environments*, vol. 2, (1991), pp. 1158–1163
33. J. Coulombe, I.A. Bonev, A new rotary hexapod for micropositioning, in *Proceedings of the IEEE International Conference on Robotics and Automation, ICRA (Karlsruhe, Germany)* (2013), pp. 877–880
34. J. Angeles, *Fundamentals of Robotic Mechanical Systems: Theory, Methods, and Algorithms* (Springer, 2006)
35. H. Bruyninckx, J. de Shutter, Introduction to intelligent robotics, Technical Reports, Katholieke Universiteit de Leuven, 2001

第7章 总结

本书提出了奇异点集计算和避奇异路径规划的新方法。不同于以往的工作,本书在考虑机器人系统的一般运动学结构和几何结构的情况下解决了这两个问题。该方法适用于任何具有低副关节的非冗余机构,唯一的限制是计算机的计算能力。同时,鉴于更加复杂新型机构的研发在现代机器人技术中已成为日益增长的新趋势,本书特别强调说明了复杂机构的奇异点集计算和避奇异路径规划方法,因为这些复杂机构是目前机器人技术中出现的典型机构形式。在本书最后,对研究成果进行了总结并展望了今后的发展方向。

7.1 总结归纳

本书提出了以下方法:

1. 奇异点集计算的一般方法(第2章和第3章)

该方法可以独立于其维数而计算出整体奇异点集,即使是存在分叉、尖点或维度变化的情况也同样适用。同样,该方法可以计算任何通常定义下的奇异子集,包括正运动学、逆运动学、C 空间奇异点集以及 Zlatanov [1]定义的任何低级子集。此外,在获得奇异点集后,本书还提供如何表示各种奇异点集的指南,旨在为机器人设计者提供合适的图表。关于这一点,还给出了输入或输出空间的集合投影如何提供关于机构运动能力的全局信息,包括可达区域、刚度或灵活性损失出现的位置以及可以安全规划机构运动的区域。

2. 工作空间确定的一般方法(第4章)

该方法提供任一坐标集合与其所扫过运动空间之间的映射关系,指明了在其内部可能遇到的所有运动障碍。该方法能够获得的结果比现有针对特定机构的方法要丰富得多。与一般方法相比,该方法基于延拓技术,其优势在于:首先,该方法无需先验信息,因为它不需要提供预先计算的装配构型或合适的切片方向;其次,该方法输出结果完整,因为即使存在多个连通区域、隐式障碍或退化障碍,依旧能够获得完整的工作空间。该方法还可以计算任何维度的工作空间,但是与其他任何方法一样,维度大于 3 的工作空间计算比较困难。由于这类工作空间无法直接可视化,所以通常的做法是获得对机器人设计有意义的三维子集,如可达工作空间、恒定方向工作空间和恒定位置工作空间,所有这些都可以通过本方法进行计算。此外,很多现有方法仅限于获得工作空间边界的横截面曲线,但本方法能够直接生成整体边界表面。

3. 一种通用的避奇异路径规划方法(第 5 章)

由于所涉及的 C 空间及其中奇异位形的复杂性,现有方法只考虑允许显式参数化的 C 空间。相比之下,本书所提出的方法不依赖于这样的参数化,这使其适用于任意结构的非冗余低副机构。该规划方法基于隐式描述机构避奇异 C 空间的方程组进行求解,这避免了将奇异位形显式表示为障碍的过程。该方程组的解流形可以自由导航,而不用担心跨越机构的任何奇异点。然后使用高维延拓技术逐步构建包含初始构型的连通区域图谱,直至达到目标构型,或者在搜索所采用的分辨率下证明路径不存在。该方法也可用于获得多个正运动学解之间的非奇异转换[2],并且可以生成从一个构型出发后可到达的无奇异分量的穷举图谱。后一功能有助于快速求解后续的规划问题,或者使避奇异工作空间相对于任何一组机构坐标可视化。

4. 一种相对于奇异点位形保持一定具有物理意义的间隙的路径规划方法(第 6 章)

该方法能够针对给定的具有六维不确定度的末端执行器力旋量,通过限制驱动力,使其保持在期望的范围内。这样做既保证了规避正运动学奇异点,同时也可获得一种物理直观的方法来调整相对于奇异点位形的间隙。如要增加或减少间隙,只需分别缩小或扩大驱动力边界。针对刚性臂驱动和绳驱六足并联机构进行了方法测试,同时也给出了有关如何扩展本规划方法以处理其他机构或间隙约束的方案。

7.2 未来研究趋势展望

和任何其他研究一样,本研究提出的问题比回答的问题要多。接下来简要讨论几个值得进一步关注的问题。

1. 对称性的运用

本项工作最有意义的扩展之一是开发新的工具和算法来明确处理机构对称

性。需要注意的是,机器人设计者通常倾向于定义对称机构设计,观察本书的测试案例可以发现,此类设计也会产生对称奇异点位形。例如,如果将图 5.11 和图 5.12 中三维的奇异点集垂直投影到(x_7,y_7)平面,会得到图 7.1 中的结果。如果一个机构表现出一组给定的对称操作,那么在它的构型空间和相关的奇异点位形中将会出现什么样的对称性?是否可以先验地预测它们?能否将给定奇

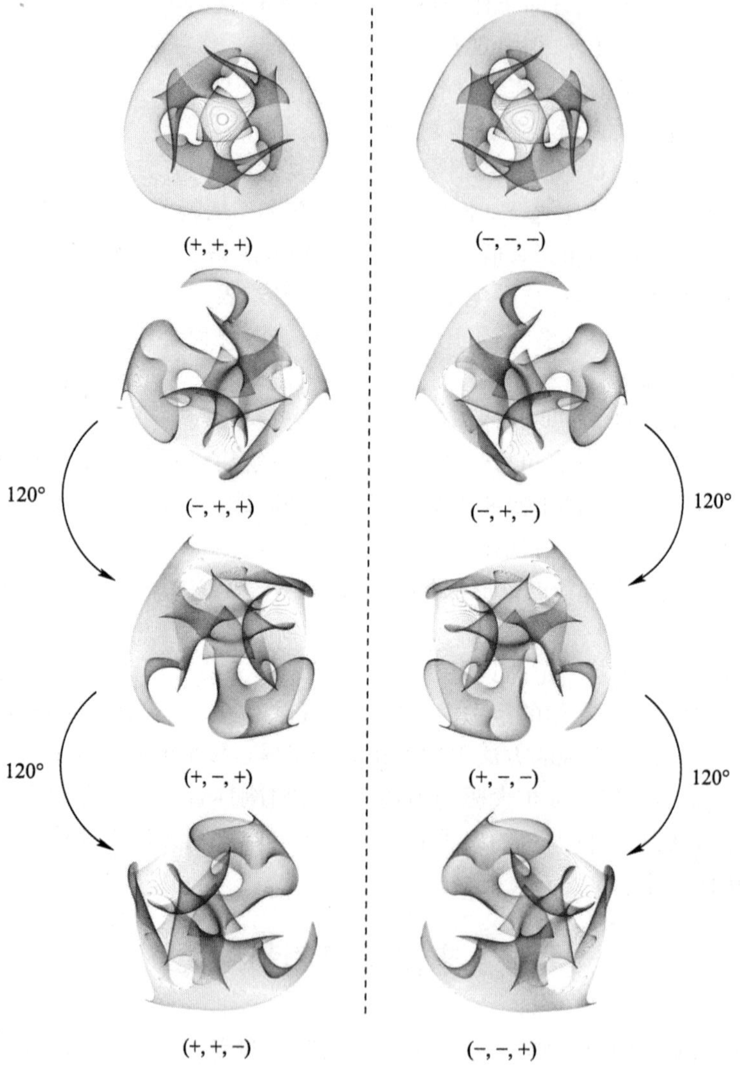

图 7.1　图 5.11 和图 5.12 中的表面垂直投影到(x_7,y_7)平面(左右工作模式是成对镜像对称的。每列中的最后 3 种模式显示了 120°旋转对称性)

异点集合的计算限制在某个通过对称性和集合其余区域形状所决定的"基本区域"上？如果可能，便会大大减少计算各种奇异点集所需的计算量。Sljoka、Schulze 和 Whiteley 的工作与这一方向非常相关[3-7]。

2. 冗余机构

本研究的一个自然延续是将其扩展到对冗余机构的适用性上。这在本研究过程中并未考虑，但 Zlatanov 已经为冗余机构的奇异性提供了定义和分类方法[1]，这为实现这一扩展奠定了理论基础。

3. 碰撞约束

当计算奇异点时，忽略了机构的不同组件之间或与环境之间的碰撞约束，这样的约束仅在第5章和第6章提出的规划方法中作为成本函数中的惩罚项进行了简单处理。进一步研究的一个方向可以是采用适当形式的方程来表达这种约束，以便将它们整合到式(2.1)中。这样，就有可能计算出与这种约束相容的 C 空间区域中的奇异点轨迹，并直接规划出最终流形中的无碰撞运动。

4. 复杂空间机构的详细奇异点分析

奇异点集合的解释和可视化需要深刻和详细的分析，现在可以使用书中解释的方法来处理。将所提出的算法应用于更具挑战性的复杂机构的分析意义重大。

5. 奇异点集的分层

正如在文献[1]中指出的，我们希望将奇异点集分层为同一类的不相交的子流形。这对机构的早期设计阶段意义较大，可用于识别在奇异构型下发生的确切物理现象。沿着这一方向开展的初步研究工作表明，可以用于设计整体奇异点集的测试层次，从而产生多个不包含已识别奇异点的类集[8]。这种方法的改进及其在空间机构中的应用还需要进一步研究。

6. 灵巧工作空间

本书中没有明确处理的一类工作空间是灵巧工作空间，其定义为在给定范围内任何方向都可以到达的一组末端执行器位置。虽然利用提出的方法计算这样的工作空间似乎是合理的，但是为了最终实现这一点，还需要进行一些修改。允许识别这种工作空间边界的数学条件已经有研究成果[9-14]，这可以作为实现这一扩展的基础。

7. 路径规划方法的改进

所提出的路径规划方法的分辨率完备性是以计算成本为代价的，计算成本随所搜索流形的维度呈指数级增长。为了处理更高维的问题，可以采用文献[15]中的随机方法，该方法在分辨率完备性与效率和概率完备性之间进行了权衡，或者采用文献[16]中的方法，该方法额外保证了渐近最优性。这些改进方法在避奇异或旋量约束可行路径规划方面的效果值得进一步探讨，但根据我们的经验，可预见到有望在可行的计算时间范围内求解六维及以上维度问题的可能性。

8. 相对于奇异点的间隙

第5章中一个未解决的问题是如何确定控制路径相对于奇异点位形的间隙阈值 b_{max}。如上所述，该阈值必须根据每个特定的应用工况逐步确定，但是对于特殊机构的具体工况或许能找到一种设置相对间隙的系统方法。例如，第6章已经给出如何在六足机构中使支链受力保持在允许范围内的思想来实现这一点。预测应该可以开发出一种双重策略，根据平台允许的最大位置或方向误差来确定间隙，这非常适合用于为精确定位应用而设计的机构[17-19]。

9. 通用的力旋量可行路径规划器

第6章的旋量约束可行路径规划应该扩展到处理其他形式的机构。需要注意的是，该方法取决于将平台旋量与关节力或扭矩联系起来的力雅可比矩阵的可用性。例如，在并联机构中，这个雅可比矩阵可以用第4章4.1节中提出的对偶旋量的方法得到，而更复杂的机构可以使用文献[20]中提出的方法。

10. 动力学效应

有些机构需要以非常高的速度运行，如那些用于快速取放操作的机构。因此，在路径规划中考虑动力学效应是非常有必要的[21]。特别是，如文献[22]中针对2-RRR机器人DexTAR所做的工作，下一步研究应进一步考虑在规划轨迹过程中如何使构型之间的运动时间最小化。

参考文献

1. D. Zlatanov, Generalized singularity analysis of mechanisms. PhD thesis, University of Toronto, 1998
2. O. Bohigas, M.E. Henderson, L. Ros, J.M. Porta, A singularity-free path planner for closed-chain manipulators, in *Proceedings of the IEEE International Conference on Robotics and Automation, ICRA (St. Paul, USA)* (2012), pp. 2128–2134
3. B. Schulze, Symmetry as a sufficient condition for a finite flex. SIAM J. Discrete Math. **24**(4), 1291–1312 (2010)
4. B. Schulze, W. Whiteley, The orbit rigidity matrix of a symmetric framework. Discrete Comput. Geom. **46**(3), 561–598 (2011)
5. A. Sljoka, Algorithms in rigidity theory with applications to protein flexibility and mechanical linkages. PhD Thesis, York University, 2012
6. B. Schulze, A. Sljoka, W. Whiteley, How does symmetry impact the rigidity of proteins? Philos. Trans. Ser. A, Math. Phys. Eng. Sci. **372**(2008), 20120041 (2014)
7. J.M. Porta, L. Ros, B. Schulze, A. Sljoka, W. Whiteley, On the symmetric molecular conjectures, in *Computational Kinematics*, ed. by F. Thomas, A. Pérez Gracia (Springer 2014), pp. 175–184

8. O. Bohigas, D. Zlatanov, M. Manubens, L. Ros, On the numerical classification of the singularities of robot manipulators, in *Proceedings of the ASME International Design Engineering Technical Conferences and Computers and Information in Engineering Conference, IDETC/CIE (Chicago, USA)* (2012), pp. 1287–1296
9. E.J. Haug, J.-Y. Wang, J.K. Wu, Dextrous workspaces of manipulators, part I: Analytical criteria. J. Struct. Mech. **20**(3), 321–361 (1992)
10. J.-Y. Wang, J.K. Wu, Dextrous workspaces of manipulators, part II: Computational methods. J. Struct. Mech. **21**(4), 471–506 (1993)
11. C.C. Qiu, C.-M. Luh, E.J. Haug, Dextrous workspaces of manipulators, part III: Calculation of continuation curves at bifurcation points. J. Struct. Mech. **23**(1), 115–130 (1995)
12. L.J. Du Plessis, J.A. Snyman, A numerical method for the determination of dextrous workspaces of Gough-Stewart platforms. I. J. Numer. Methods Eng. **52**(4), 345–369 (2001)
13. A.M. Hay, J.A. Snyman, A multi-level optimization methodology for determining the dextrous workspaces of planar parallel manipulators. Struct. Multi. Optim. **30**(6), 422–427 (2005)
14. F.-C. Yang, E.J. Haug, Numerical analysis of the kinematic dexterity of mechanisms. ASME J. Mech. Des. **116**(1), 119–126 (1994)
15. L. Jaillet, J.M. Porta, Path planning under kinematic constraints by rapidly exploring manifolds. IEEE Trans. Robot. **29**(1), 105–117 (2013)
16. L. Jaillet, J.M. Porta, Asymptotically-optimal path planning on manifolds, in *Robotics: Science and Systems* (2012)
17. L. Campos, F. Bourbonnais, I.A. Bonev, P. Bigras, Development of a five-bar parallel robot with large workspace, in *Proceedings of the ASME International Design Engineering Technical Conferences and Computers and Information in Engineering Conference, IDETC/CIE (Montreal, Canada)* (2010)
18. F. Bourbonnais, Utilisation optimale de l'espace de travail des robots parallèles en affrontant certains types de singularités," Master's thesis, École de Technologie Supérieure, Université du Québec (2012)
19. J. Coulombe, I.A. Bonev, A new rotary hexapod for micropositioning, in *Proceedings of the IEEE International Conference on Robotics and Automation, ICRA (Karlsruhe, Germany)* (2013), pp. 877–880
20. M. Zoppi, D. Zlatanov, R. Molfino, On the velocity analysis of interconnected chain mechanisms. Mech. Mach. Theory **41**(11), 1346–1358 (2006)
21. A. Müller, On the terminology and geometric aspects of redundant parallel manipulators. Robotica **31**(1), 137–147 (2013)
22. F. Bourbonnais, P. Bigras, I. Bonev, Minimum-time trajectory planning and control of a pick-and-place five-bar parallel robot. IEEE/ASME Trans. Mechatron. **20**(2), 740–749 (2015)

符　号　表

标量、矢量与元组

x:标量变量,通常为坐标

t: 时间参数

θ:角度

v :线速度

ω:角速度

$\boldsymbol{x}$:元组或矢量(根据上下文理解),当 $\boldsymbol{x}$ 出现在矢量运算中时,其为列矢量。

$\boldsymbol{x}^{\mathrm{T}}$:$\boldsymbol{x}$ 的转置

$\boldsymbol{x}(t)$:时间相关的矢量函数

$\dot{\boldsymbol{x}}(t)$:$\boldsymbol{x}(t)$对时间的导数,有时省略自变量 t

$\boldsymbol{0}$:零元素组成的列矢量

矢量分量与复合矢量

当在公式中显式表示矢量的分量时,将它们写成以下形式,即

$$\boldsymbol{v}=\begin{bmatrix}\boldsymbol{v}_1\\ \vdots\\ \boldsymbol{v}_n\end{bmatrix}$$

但是,在文书中,更倾向于使用符号 $\boldsymbol{v}=(\boldsymbol{v}_1,\cdots,\boldsymbol{v}_n)$来表示这些矢量。同样,用$\boldsymbol{u}=(\boldsymbol{u}_1,\cdots,\boldsymbol{u}_n)$表示由矢量 $\boldsymbol{u}_1,\cdots,\boldsymbol{u}_n$线性连接而得到的列矢量 $\boldsymbol{u}$。该表达形式等价于 $\boldsymbol{u}=[\boldsymbol{u}_1^{\mathrm{T}}\quad\cdots\quad\boldsymbol{u}_n^{\mathrm{T}}]^{\mathrm{T}}$,其中,$\boldsymbol{u}_i$为列矢量。

旋量

$\widehat{\boldsymbol{S}}$:轴坐标系下表示的单位旋量,其形式为(力矩、矢量)

$\widehat{\boldsymbol{w}}$:射线坐标系下的力旋量,其形式为(矢量、力矩)

$\widehat{\boldsymbol{T}}$:轴坐标系下表示的末端执行器的扭转

矩阵

$\boldsymbol{X}$:矩阵

$\boldsymbol{X}^{\mathrm{T}}$:$\boldsymbol{X}$ 的转置

$\boldsymbol{X}^{-1}$:$\boldsymbol{X}$ 的逆矩阵

$\boldsymbol{X}^{i}$:去掉 $\boldsymbol{X}$ 中第 i 行获得的子矩阵

$\mathbf{0}$:零矢量或零矩阵(根据上下文理解)

$\mathbf{0}_{m\times n}$:$m\times n$ 维零矩阵

$\boldsymbol{I}$:单位矩阵

$\boldsymbol{I}_{m\times n}$:$m\times n$ 维单位矩阵

$\boldsymbol{D}$:对角矩阵

$\boldsymbol{R}$:2×2 或 3×3 维旋转矩阵

集合

$\mathcal{A}$:集合。如果表示流形,将另作注明

$\partial\mathcal{A}$:$\mathcal{A}$ 集合的边界

$\mathcal{A}\backslash\mathcal{G}$:集合求差:$\mathcal{A}$ 集合减去 $\mathcal{G}$ 集合

$\mathcal{A}\times\mathcal{G}$:$\mathcal{A}$ 集合与 $\mathcal{G}$ 集合的笛卡儿积

$\mathcal{C}$:机构的构型空间,或 C 空间

$\mathcal{T}_q\mathcal{C}$:$\mathcal{C}$ 在构型 $\boldsymbol{q}$ 处的切空间

$\mathcal{G}$:$\mathcal{C}$ 中 $\boldsymbol{\Phi}_{\boldsymbol{q}}(\boldsymbol{q})$ 秩亏的点 $\boldsymbol{q}$ 的集合

$\mathcal{S}$:机构的奇异点集

$\mathcal{S}_{\mathrm{f}}$:机构的正向奇异点集

$\mathcal{C}_{\mathrm{sfree}}$:无奇异点 C 空间,即 $\mathcal{C}\backslash\mathcal{S}$

$[\underline{d},\overline{d}]$:使 x 满足 $\underline{d}\leqslant x\leqslant\overline{d}$ 的闭实区间

$(\underline{d},\overline{d})$:使 x 满足 $\underline{d}<x<\overline{d}$ 的开实区间

$\mathcal{B}$:区域,即两个闭实区间的笛卡儿积

$\mathcal{B}^{\mathcal{W}}$:集合 $\mathcal{W}$ 的区域逼近

$\mathcal{P}$:多胞形

$\mathbb{R}^n$:实数上的 n 维矢量空间

$\mathbb{Z}$:整数集

$\mathrm{SO}(m)$:m 维特殊正交群

$\mathrm{SE}(m)$:m 维特殊欧几里得群

机构符号

L_j:机构的第 j 个连杆
$\mathcal{F}_j$:第 j 个连杆上的参考标架
$\mathcal{F}_1$:L_1的参考标架,通常作为绝对标架
$\boldsymbol{r}_j$:$\mathcal{F}_j$的原点在绝对坐标系中的位置矢量
$\boldsymbol{R}_j$:$\mathcal{F}_j$相对于$\mathcal{F}_1$的旋转矩阵
J_i:机构的第 i 个关节
ω_i:机构第 i 个关节处的相对速度,可以为线速度或角速度
P:连杆上一点
$\boldsymbol{p}^{\mathcal{F}_j}$:点 P 在参考标架$\mathcal{F}_j$中的位置矢量
$\boldsymbol{p}$:点 P 在绝对标架(通常为$\mathcal{F}_1$)中的位置矢量
$\boldsymbol{q}$:机构的构型元组
$\boldsymbol{v}$:机构驱动自由度输入元组
$\boldsymbol{u}$:定义机构功能的输出坐标元组
$\mathcal{Q}$:所有可能 $\boldsymbol{q}$ 值的流形
$\mathcal{V}$:所有可能 $\boldsymbol{v}$ 值的流形
$\mathcal{U}$:所有可能 $\boldsymbol{u}$ 值的流形
n:构型空间 $\mathcal{C}$ 的维数
$\boldsymbol{m}$:机构的速度矢量,$\boldsymbol{m}=(\boldsymbol{m}_u,\boldsymbol{m}_v,\boldsymbol{m}_p)$
$\boldsymbol{m}_u$:输出速度分量(通常是末端执行器的速度分量)
$\boldsymbol{m}_v$:输入速度分量(通常是驱动器的速度分量)
$\boldsymbol{m}_p$:被动速度分量
$\boldsymbol{L}$:机构速度方程的系数矩阵
$\boldsymbol{f}$:机构中的驱动力矢量

映射

φ:标量映射
φ^{-1}:φ 的逆映射
$\boldsymbol{\varphi}$:矢量映射
$\boldsymbol{\varphi}^{-1}$:$\boldsymbol{\varphi}$ 的逆映射
$\boldsymbol{\Phi}(\boldsymbol{q})$:定义 $\mathcal{C}$ 空间的可微非线性映射
$\boldsymbol{\Phi}_q$:$\boldsymbol{\Phi}(\boldsymbol{q})$的雅可比矩阵,其$(i,j)$元素为$\partial\boldsymbol{\Phi}_i/\partial q_j$
$\boldsymbol{\Phi}_y$:$\boldsymbol{\Phi}(\boldsymbol{q})$关于 $\boldsymbol{q}$ 的子矢量 $\boldsymbol{y}$ 的雅可比矩阵
$\boldsymbol{\Phi}|_{\mathcal{A}}$:定义域为集合 $\mathcal{A}$ 的映射 $\boldsymbol{\Phi}$

$\boldsymbol{\pi}_u$:$\boldsymbol{u}$ 空间上的投影映射

其他符号

$\|\boldsymbol{x}\|$:矢量 $\boldsymbol{x}$ 的范数

$\boldsymbol{x}\cdot\boldsymbol{y}$:矢量 $\boldsymbol{x}$ 和 $\boldsymbol{y}$ 的内积

$\boldsymbol{x}\times\boldsymbol{y}$:矢量 $\boldsymbol{x}$ 和 $\boldsymbol{y}$ 的外积

$\ker(\boldsymbol{X})$:矩阵 $\boldsymbol{X}$ 所表示线性变换的核

$\det(\boldsymbol{X})$:方阵 $\boldsymbol{X}$ 的行列式